科学万象城
系列
Science
Wonderland

向太空出发

于川　张玲　刘小玲——编著

中国出版集团　现代出版社

目

录

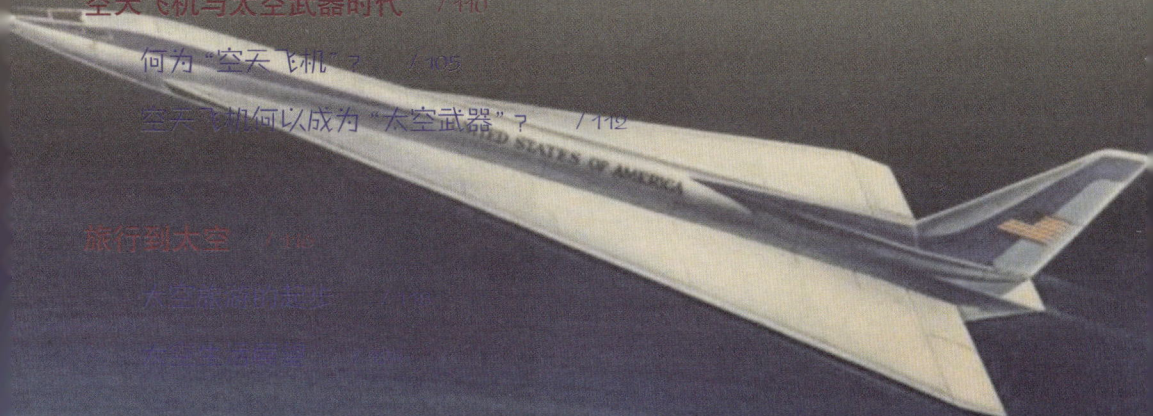

目录

● 太空相关概念辨析

每当仰望星空，那浩瀚无垠的星河，有多少未知等待开启？那变幻莫测的宇宙，有多少谜题尚未破解？千百年来，人类从未放弃理想，从出发的那一刻起，探索的脚步不曾停息！在太空探索的过程中，我们看到，人类的智慧和勇气如同深邃夜空点点繁星，照亮梦想之路，指引天际遨游。

随着人类的进步和对自然科学的探秘，天空、太空、空间、宇宙、航空和航天这些词，出现的频率越来越多，虽然在报章杂志上常见，但若问什么叫天空，什么叫宇宙，天空、太空和空间有什么不同，航空与航天有怎样的区别等等，恐怕大多数人不能做出准确的回答。现在我们就试着对这些相关的概念进行辨析和说明。

太空VS天空VS宇宙 >

这三个名词所指的客观事物有着它们的共同点——指地球本体以外但围绕本体的部分空间。"天空"是指距地表最近的一部分环形空间，包括我们所熟知的对流层和平流层，这部分空间充满着常态的空气，这里所谓"充满"和"常态" 是指气压、密度等与地表附近无显著差异。气球、飞机、飞艇等就活动在这部分区域。 因此形容它们只能使用"天空"一词，这部分空间最遥远的部位也就是蔚蓝的天空所指了。

离地面较远部分，地球周围的大气层，如电离层及更远就应该称做"太空"。原则上讲，太空仍依附地球存在，但已到达大气层的边沿部分，这里的空气已相当稀薄，气压和空气密度与地表附近比较已有较为悬殊的减小。航天飞机、高位置卫星的工作区域就处于太空之中。夜间，在地面上看到它们与星星并无二致。

驶向月球、木星等天体的飞船就应该称其运行在宇宙中了，这时已完全脱离地球的影响和约束，如美国探险号宇宙飞船，那里已是"没有物质"的真空世界了，距离地球只能用很远或遥远来描述。

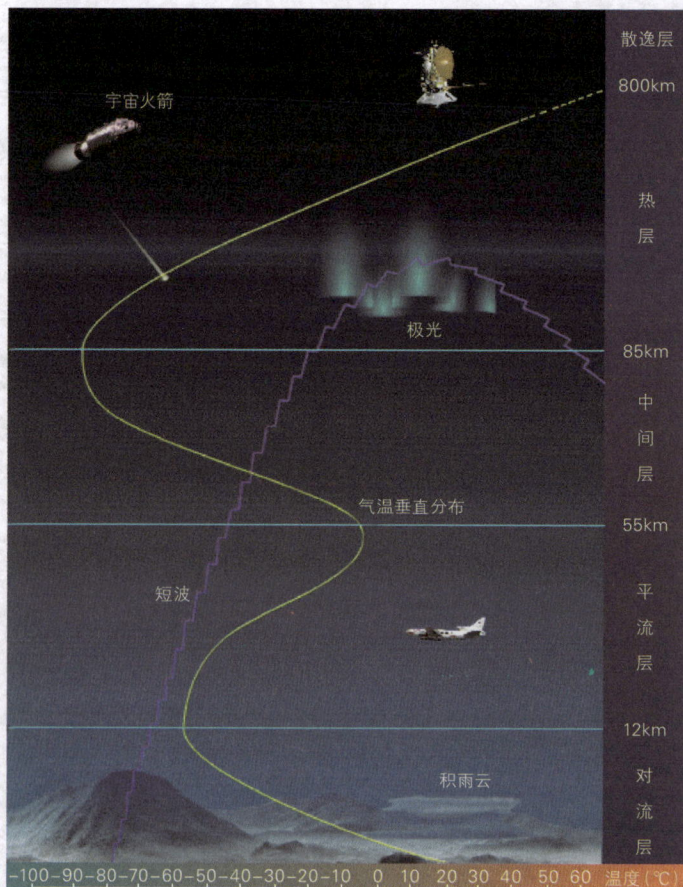

散逸层 800km

热层

极光 85km

中间层 55km

气温垂直分布

平流层

短波 12km

积雨云 对流层

-100 -90 -80 -70 -60 -50 -40 -30 -20 -10 0 10 20 30 40 50 60 温度（℃）

宇宙火箭

航空vs航天 〉

　　航空与航天是我们经常接触的两个技术名词，两者虽然仅一字之差，却被称为两大技术门类，这是为什么呢？何为航空，何为航天呢？

　　众所周知，陆地为地球表面未被海水浸没的部分；海洋为地球表面广大的连续海水水体；大气层指地表以外包围地球的气体。这种气体在距地表数千千米的高层上仍有极少量存在。按照距地球高度划分通常大致可以把100—120千米以下的大气层称为稠密大气层，也称为大气环境或人类的第三环境；而100—120千米以上地球稠密大气层之外的广阔的空间区域，简称空间或外空，又称为宇宙空间或太空。在1981年召开的国际宇航联合会第32届大会上，陆地、海洋、大气层和外层空间分别被称为人类的第一、第二、第三和第四环境。陆、海、空、天是人类活动的四大疆域。而第四环境是随着航天技术的诞生而出现的。

　　从"天"和"空"的现代科学含义中我们知道，所谓"航空"，就是人类在地球大气层中的活动，所使用的飞机、直升机、飞艇和气球等飞行器统称为"航空器"。所谓"航天"，就是人类冲出地球大气层，到宇宙太空中去活动，即宇宙航行。它所使用的是航天器及其运载火箭。

航空器VS航天器 >

在了解了"航空"与"航天"的区别后，我们可以联想生活中的例子加以证实。航空技术主要是研制军用飞机、民用飞机及吸气发动机，航天技术主要是研制无人航天器、载人航天器、运载火箭和导弹武器，其中，最能集中体现两者成果的是航空器和航天器。从航空器与航天器的重大区别上即可看出两个技术领域的显著差异。

第一，飞行环境不同。所有航空器都是在稠密大气层中飞行的，其工作高度有限。现代飞机最大飞行高度也就是距离地面30多千米。即使以后飞机上升高度提高，它也离不开稠密大气层。而航天器冲出稠密大气层后，要在近似于真空的宇宙空间以类似自然天体的运动规律飞行，其运

行轨道的近地点高度至少也在100千米以上。对在运行中的航天器来讲，还要研究太空飞行环境。

第二，动力装置不同。航空器都应用吸气发动机提供推力，吸收空气中的氧气做氧化剂，本身只携带燃烧剂。而航天器其发射和运行都应用火箭发动机提供推力，既带燃烧剂又带氧化剂。吸气发动机离开空气就无法工作，而火箭发动机离开空气则阻力减小有效推力更大。吸气发动机包括燃烧剂箱在内都可随飞机多次使用，而发射航天器的运载火箭都是一次性使用。虽然航天飞机的固体助推器经过回收可以重复使用20次，其

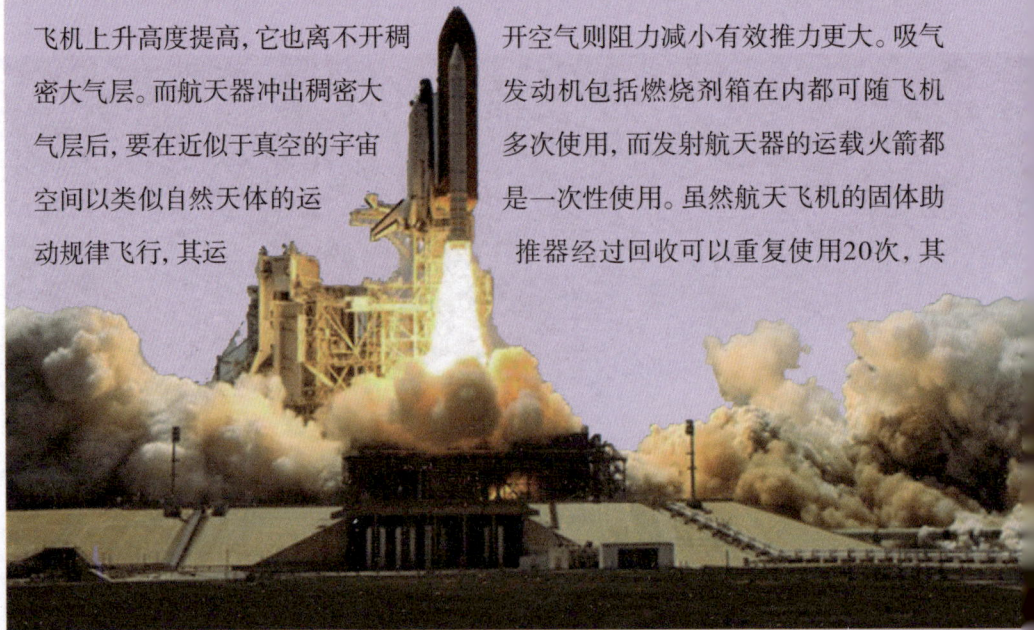

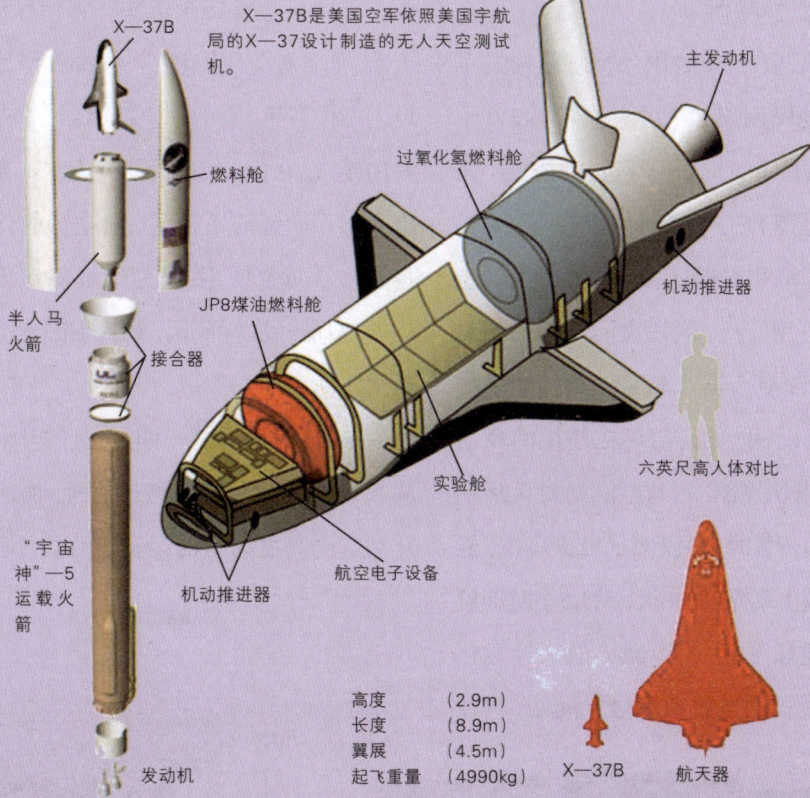

X—37B 轨道测试机

X—37B是美国空军依照美国宇航局的X—37设计制造的无人天空测试机。

- X—37B
- 燃料舱
- 半人马火箭
- 接合器
- "宇宙神"—5运载火箭
- 发动机
- 机动推进器
- JP8煤油燃料舱
- 航空电子设备
- 过氧化氢燃料舱
- 主发动机
- 机动推进器
- 实验舱
- 六英尺高人体对比

高度	(2.9m)
长度	(8.9m)
翼展	(4.5m)
起飞重量	(4990kg)

X—37B　航天器

轨道器液体火箭发动机可以重复使用50次，但与航空器使用的吸气发动机比较起来，使用次数仍然是很少的。吸气发动机所用的燃烧剂仅为航空汽油和航空煤油，而火箭发动机所用的推进剂却是多种多样的，既有液体的，也有固体的，还有固液型的。

第三，飞行速度不同。现代飞机最快速度也就是音速的3倍多，且是军用飞机。至于目前正在使用的客机，都是以亚音速飞行的。而航天器为了不致坠地，都是以非常高的速度在太空运行的。如在距地面600千米高的圆形轨道上运行的航天器，其速度是音速的22倍。所有航天器正常运行时都处于失重状态，若长期载人会使人产生失重生理效应，并影响健康。正因如此，航天员与飞机驾驶员比较起来，其选拔和训练要严格得多。一般人买票即可坐飞机，而花重金到太空遨游的人还

11

必须通过专门培训。

第四，工作时限不同。无论是军用还是民用飞机，最大航程约2万千米，最长飞行时间不超过一昼夜。其活动范围和工作时间都很有限，主要用于军事和交通运输。虽然通用轻型飞机应用广泛，但每次活动范围相对更小。而航天器在轨道上可持续工作非常长时间，如目前仍在使用的联盟TM号载人飞船，可与空间站对接后在太空运行数月之久。再如航天飞机，能在轨道上飞行7—30天，约1.5小时即可围绕地球飞行一周。载人航天器运行时间最长的当数和平号空间站，它在太空飞行了整整15个年头。至于无人航天器，如各种应用卫星，一般都在绕地轨道上工作多年。有的深空探测器，如先驱者10号，已在太空飞行了几十年，正在飞出太阳系向银河系遨游。航空器的优点是能多次重复使用，而航天器除航天飞机外，只能一次性使用，载人宇宙飞船也不例外。

第五，升降方式不同。飞机的升空是从起飞线开始滑跑到离开地面，加速爬升到安全高度为止的运动过程。它返回

地面降落时只要经过下滑和着陆即可。只有个别飞机如英国的"鹞"型战斗机采用发动机喷口转向的方式使飞机能够垂直起落，但机身并未竖起，仍处于水平位置。而至今为止的航天器发射，包括地面和海上的发射，顶部装着航天器的运载火箭都是垂直腾空的。在发射过程中，运载火箭要按程序掉头转向和逐级脱离，最终将航天器送入预定轨道运行。有的航天器发射，中间还要经过多次变轨，情况更为复杂。航天飞机虽然也能施放航天器，但它本身亦是垂直发射升空的。至于返回式航天器，其回归地面必须经历离轨、过渡、再入和着陆四个阶段，远比飞机降落困难。航空器的起飞、飞行和降落与航天器的发射、运行和返回，虽然都离不开地面中心的指挥，但两者的地面设施和保障系统及其工作性能与内容也是大有区别的。

宇宙的诞生

科学家们根据观测到的星际物质正在相互分离（宇宙在膨胀）的事实，提出：现在观测到的宇宙是由一个极端高热、极端压缩状态下的原始原子"蛋"膨胀而产生的。1948年，俄裔美国物理学家伽莫夫（1904–1968）把核物理学同宇宙膨胀理论结合起来，奠定了大爆炸宇宙论的基础。他把原始原子称为原始火球，球内充满辐射和基本粒子。大约180亿年前，这混沌体瞬间发生了爆炸。大爆炸时，宇宙体积被认为是零。爆炸之初宇宙无限热，温度大约是1000亿K。随着宇宙的膨胀，宇宙的温度随之降低。若将大爆炸的瞬间算做宇宙年龄为零，那么随着宇宙的膨胀，到宇宙年龄为1秒时，温度降到100亿K，当时还不可能存在任何天体，宇宙是由质子、中子、电子、光子等基本粒子混合而成的所谓"宇宙汤"。随着膨胀，温度逐步降低，到宇宙年龄约为3分钟时，宇宙的温度已降到10亿K，这时，质子和中子不再有足够的能量逃脱强核力的吸引，所以开始结合成由1个质子和1个中子构成的氘（重氢）的原子

乔治·伽莫夫

核，类似氢弹爆炸的核聚变过程，然后，氘核和更多的质子、中子相结合形成包含2个质子和2个中子的氦核。可以计算出，在大爆炸模型中大约1/4的质子和中子变成了氦核，剩下的中子衰变成质子，这正是通常的氢原子核。这些过程仅有约3分钟，就形成了构成宇宙的最基本的物质，

所以有"3分钟"形成宇宙之说。在这之后，氢和其他元素的产生就停止了，宇宙仅仅是继续膨胀，没有发生什么事。约30万年后当宇宙的温度下降到3000摄氏度左右时，自由电子被原子核捕捉形成中性氢原子，氦核和电子复合为中性氦原子，等离子体转变为中性气体，宇宙进入复合期。

复合期前，光子充满宇宙空间，但这时宇宙也充满了带电粒子，如质子、电子、氦原子核等，光子和带电粒子之间的相互作用非常强，光子不能自由地传播，宇宙一片"混沌"，因此我们不可能观测到这个时期的辐射。进入复合期后，光子是在中性气体中传播，不再遭到带电粒子的相互作用，这时宇宙变得"透明"了。光子自由地在传播，在宇宙空间走了上百亿年，终于到达我们这里，成为我们可以观测到的宇宙中最远古的遗物。

在随后的大约3000万年中那些原子继续外冲，宇宙也继续冷却，到宇宙温度降至只有几千摄氏度时，宇宙间主要是气态物质（氢和氦），这是构成整个宇宙的最基本物质，现在的宇宙中这星系那星团，这物质那物质，看似非常复杂，实际也简单，一切物质都是由氢和氦生成的。

3分钟形成了宇宙，听起来有点"天方夜谭"，不过科学家们还真

15

找到了大爆炸理论的证据。例如宇宙微波背景辐射。根据宇宙大爆炸学说，既然宇宙是从一个致密而高温的一点发生爆炸，然后迅速膨胀起来，那么，随着膨胀把热量布满宇宙空间，并且随着不断膨胀温度要迅速降低。也就是说，随着时间的前进，宇宙空间背景上还应残留当年低温余热的辐射。1964年春，在美国世界著名的贝尔电话实验室，两位青年研究人员彭齐亚斯和威尔逊，在"回声号"人造地球卫星反射通讯讯号的天线调试工作中，意外发现收到一种难以消除的噪声辐射，它相当于绝对温度3.5K的物体辐射，各向同性，没有季节变化，与地球自转和公转均无关，与恒星天区也无关。他们经过全面分析，确认这种消除不掉的"噪声"很可能是来自太空。后来科学家认为这正是180亿年前大爆炸后残存的余热辐射，从而支持并验证了热大爆炸宇宙学的理论。这项发现还解释了一项天文学家们早就探索的"深夜的天空为什么不是绝对的黑暗"这个问题。再如氦元素的丰度。按照大爆炸理论，宇宙中的氦是在最初的3分钟，通过核反应由质子和中子聚变而成的，后来由于原料之一中子被消耗得差不多了，氦就不再产生了。根据这种理论估计，目前宇宙中残存的氦丰度为30%左右。目前射电天文学家在整个银河系内和许多近邻星系中都发现了氦，甚至在称为类星体的明亮面遥远的天体中也探测到了氦。在所有发现氦的场合下，有力的证据表明，无论在哪里，只要有1个氦核便有10个氢核，既不过多也不太少。宇宙中这种普适的氦丰度亦被视为大爆炸宇宙论的有力证据。

1978年的诺贝尔物理学奖获得者，贝尔实验室的阿农·彭亚齐斯和罗伯特·威尔逊，背景是他们偶然发现微波背景辐射的测量天线。

● 宇宙的演化

大爆炸后, 均匀的膨胀介质 (氢、氦) 是如何形成现在观测到的各种结构? 1692年牛顿曾指出, 均匀物质在粒子相互引力作用下最后必然聚集成一个巨大的团块或者聚集成为数众多的独立团块。随着时间的流逝, 星系中的氢和氦气体被分割成更小的星云, 它们在万有引力的作用下逐渐凝聚起来, 再进一步通过碰撞、吸积等漫长过程, 形成各种星体。

大爆炸

迅速膨胀

1. "大爆炸" 后最初一刻 (左图), 宇宙迅速膨胀, 从小小的针点大小扩大到大约有太阳的2000倍那么大。

2. 宇宙出现还不到1秒钟的时候 (上图), 是由最基本的粒子形成的一团旋转的灼热物质。它的粒子密集得像铁一样, 不透明, 连光都透不出来。

原子的诞

质氢原

电中

氦原子

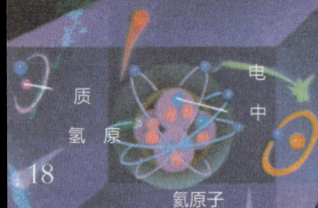

3. 经过最初的50万年后 (上图), 宇宙渐渐冷却到3000K。最基本的粒子融合, 形成宇宙间生命的要素: 氢和氦。今天仍可以在宇宙中找寻到约3K的微波辐射——一种微弱的宇宙光, 它们被认为是 "大爆炸" 的残余物。

18

5．在"大爆炸"后10亿—20亿年之间，原星系在气体不太密集的区域周围聚集，形成星系团，并且在整个宇宙中制造出一个蜂巢状的结构。原星系产生了恒星。恒星演化成为红巨星和超新星，它们到了演化末期所产生的物质，便是促成新恒星诞生的种子。

星系

4．宇宙在膨胀时，可能因为重力发生了小扰乱，所以氢和氦形成密度不同的气体团。原星系就在这些气体团中开始形成。

高密度的宇宙物质

19

震波

星际云

恒星的形成和演化 >

恒星是宇宙中最基本的星体。恒星的前身——星胚是由弥漫稀薄的星际物质，通过引力塌缩而凝聚成密度较大的气体、尘埃云组成。在继续塌缩的过程中，星胚中心密度增大，引力势能转化成热能使内核温度增高，逐渐发光发热，这个阶段称为星前阶段。

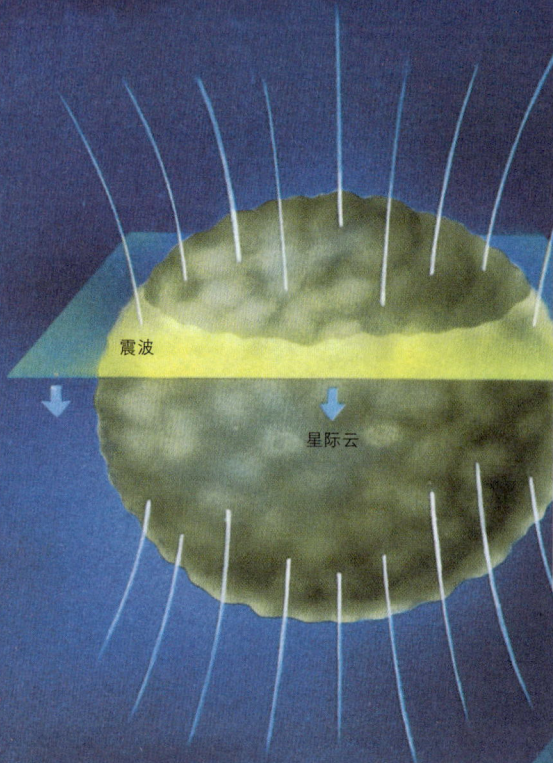

震波

1. 星际气体尘埃云中密度高的部分，受震波冲击后可能会触发重力坍缩。

密度高的部分

2. 坍缩中的星际云逐渐形成平扁、密集、像薄饼的圆盘。

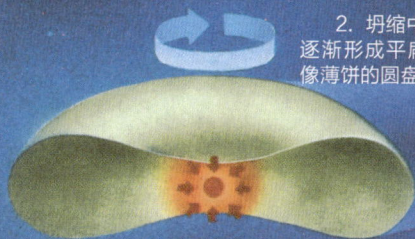

3. 星际云在收缩时，密度高的中心开始高速旋转，形成不少团块。

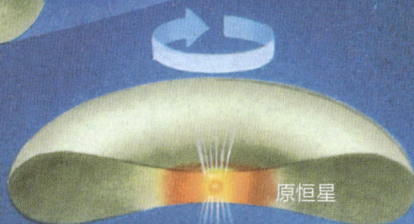

4. 团块中央的密度增加，开始形成恒星，压力和温度上升。

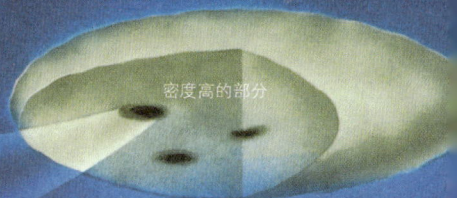

原恒星

5. 强烈的星际风从原恒星向外吹，圆盘散开。

6. 原恒星中的高压和高温触发核反应，恒星开始发光。

星际风

星白矮星

红巨星

中子星

黑洞

超新星

超巨星

质量大的恒星

太阳大小的恒星

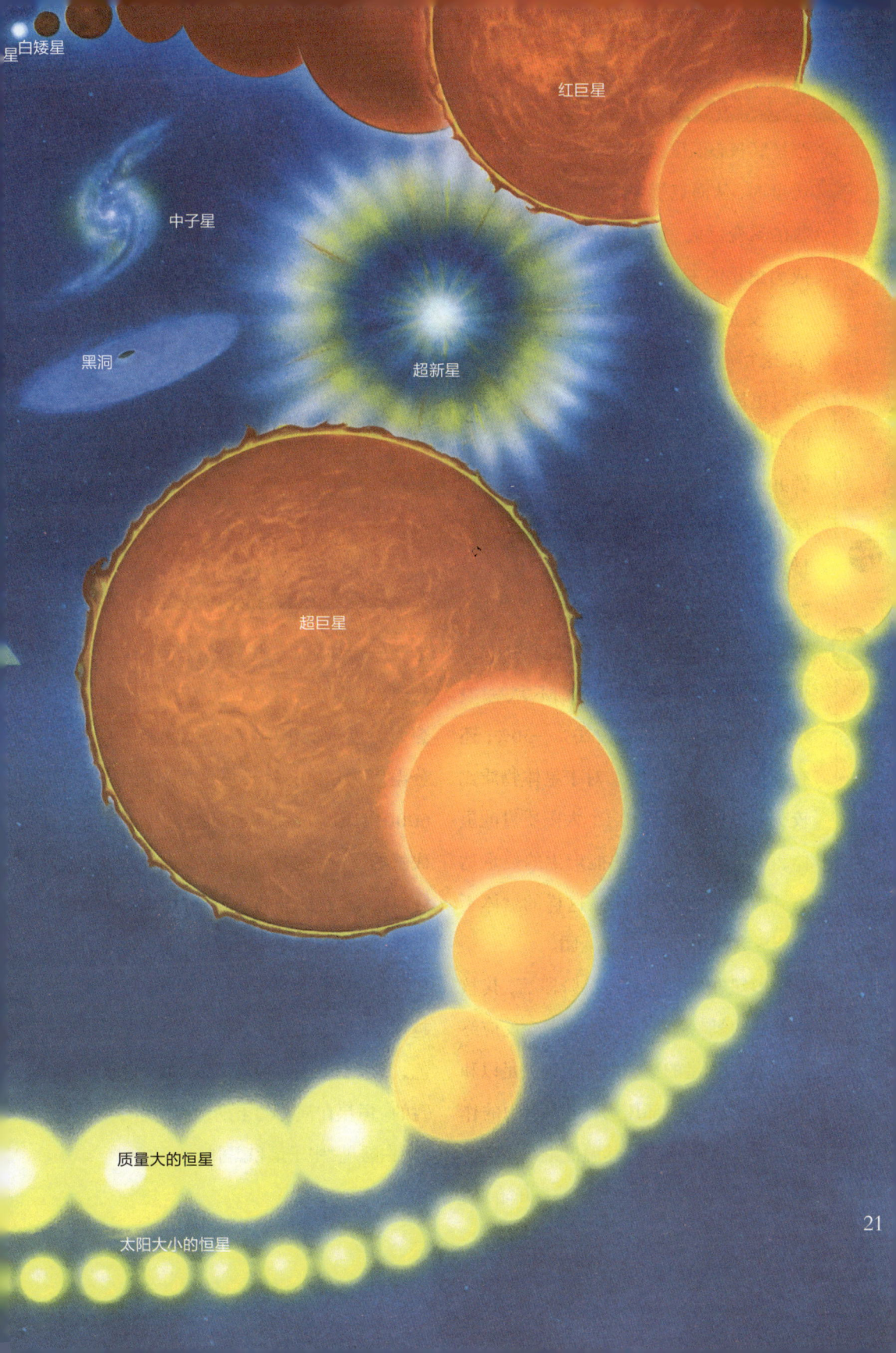

当星胚核心温度达到1000万摄氏度时，从而点燃了星体中的氢的聚变反应，氢核聚变开始成为恒星的主要能源，这时，一个发光发热的恒星就诞生了，这个阶段称为主序星阶段。这时恒星处于一个长期稳定的时期，这个时期约占恒星寿命的99%。质量不同的恒星在主序星阶段的时间很不相同，质量愈大的恒星氢消耗得愈快，在主序星阶段停留的时间就愈短。绝大部分恒星的质量在太阳的1/10到10倍范围内，化学成分也差别不大，一般是氢占70%—80%，氦占20%—30%，还有少量的其他重元素。对于星体物质比较少的星体，如小于0.1个太阳质量的星体，引力势能转化成热能产生的热量达不到点燃氢的聚变温度，这样的星体不可能成为恒星，只能是星云团。

恒星在度过了主序星阶段后，其核心部分的氢"燃烧"殆尽，氢聚变反应终止。此时，恒星的核心部分因失去足以和引力相抗衡的内部压力，而在引力的作用下继续塌缩，结果，其温度继续增高，密度继续增大，导致氦"燃烧"开始，使

哈勃观测到两颗燃烧剧烈的超级恒星

之合成碳和氧，这些热核反应短暂而猛烈，像爆炸一样，称为"氦闪"。由于恒星表面温度远低于中心部分（太阳中心部分温度为1500万摄氏度，而表面温度为6000摄氏度），那里还不曾发生氢聚变成氦的反应。这时，在核心区之外的过渡区，随着核心部分的塌缩，温度增高而发生氢聚变，并推动外壳向外膨胀。结果，星体增大，由于外壳离高温的中心越来越远，恒星表面温度降低，从黄色变成红色，称为红巨星。红巨星的阶段是很短暂的。恒星在演化的末期，将出现三类天体：白矮星、中子星和黑洞。

白矮星 〉

　　像太阳这样的质量不是很大（平均而言，小于1.44个太阳质量）的红巨星，在继续演化的过程中，将外壳的相当部分抛到宇宙中，而中心部分在引力的作用下将继续塌缩，温度继续升高，高温使得原子核外的电子全部电离，变成赤裸裸的原子核，所有电子都成为自由电子，塌缩的结果使它成为一个高密度的核。这是一个大小近于行星而质量近于太阳的星体，其密度高达105—107克/立方厘米。小尺度和高表面温度这两个特征使这种星得名为白矮星。白矮星虽然温度高，但由于体积小，因而不是很亮。随着热核反应的逐渐停止，白矮星将逐渐冷却成为比钻石还要硬的黑矮星。研究表明，目前宇宙间存在大量的白矮星，大约占恒星总数的1/10。白矮星冷却成黑矮星可能需要100亿年左右，所以说在宇宙间，至今还没有生成黑矮星。

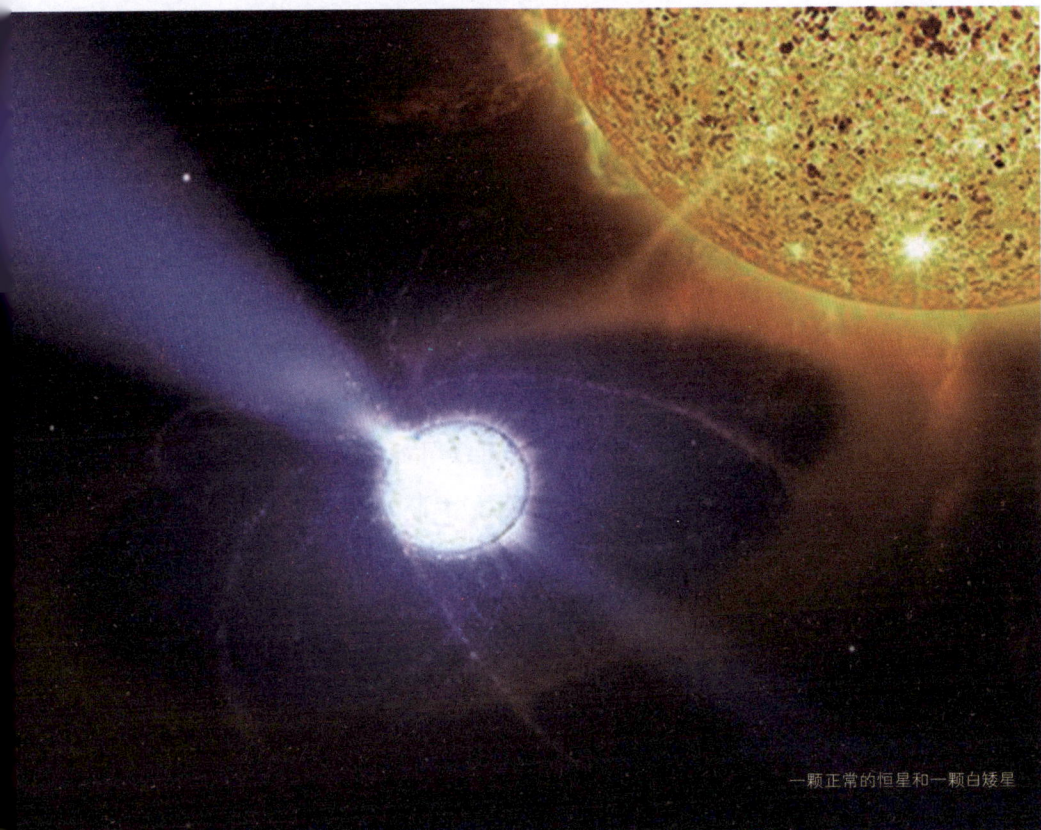

一颗正常的恒星和一颗白矮星

中子星外壳比钢铁强硬百亿倍

中子星 >

对于更大质量（1.44—2.4个太阳质量）的红巨星，在塌缩时巨大的引力势能可把那里的温度加热到6亿摄氏度以上，使氦聚变生成的碳进一步发生聚合反应生成氖和镁，这时温度进一步上升到10亿摄氏度，氖和氦又合成镁，此反应导致温度再升到15亿摄氏度以上，氧开始燃烧合成硫、硅等元素。然后温度进一步升高到30亿摄氏度以上，硅开始燃烧，并引发成百上千种核反应，使星体的温度越来越高，再往后的几千种反应的熊熊烈火中，更珍贵的重元素被制造出来。这正是我们现在的这个世界有100多种元素的来源。

核转变并不能这样无限制地继续下去，反应最后朝着一个元素汇集：铁。这是因为铁的原子核很特殊，其中的56个质子和中子结合得非常紧密，没有一种聚变的能量能使它们分开，铁就成了大质量恒星核心的最后灰烬。这样，恒星的最中心部分由新生成的铁组成，往外依次是硅硫、氧镁、氖氧、碳氧、氦氮等组成的层。之后恒星内核逐渐降温，在巨大引力下继续塌缩，铁核突然塌缩，在0.1s内温度猛增到50亿摄氏度，在巨大的压力下，电子被挤进质子，就形成了中子。当核心中所有的物质都变成中子时塌缩过程立即停止，被压缩成一个密实的星球，即中子星。中子星体积小得惊人，而密度却大得出奇，密度高达10^{14}克/厘米。许多中子星会发射出周期极短的射电脉冲，所以又被称为脉冲星。到1980年为止，科学家们已发现了330多颗中子星。

在星体中心形成中子态物质的同时，非中子态的外层开始塌缩，砸在核心的中子态物质上，并发生猛烈的反弹，形成超强冲击波，把外层包括核的外层全部炸掉，抛入太空。这就是后来发现的超新星爆发现象，它在一天内发出的光相当于主序星阶段1亿年发出的光，这也是科学家们发现有的星在瞬间非常明亮的原因。超新星爆发喷出的物质，包括许多重元素，成为形成新一代恒星和行星的星际物质，这些星际物质在适当的情况下可以形成新的恒星、行星，或被其他恒星俘获，聚集成行星。这就是行星中重元素的来源。太阳包含大约2％这样的重元素，因为它是第二代或第三代恒星，是由50亿年前从包含有更早的超新星的碎片的旋转气体云形成的，云里的大部分气体形成了太阳，少部分喷到外面去，与少量的重元素集聚在一起，形成了像地球这样的、绕太阳公转的行星、彗星和小行星等。

◀ 蟹状星云是公元1054年一颗超新星爆炸后遗留的气体外壳，星云的中心有一颗每秒钟旋转30次的脉冲星。

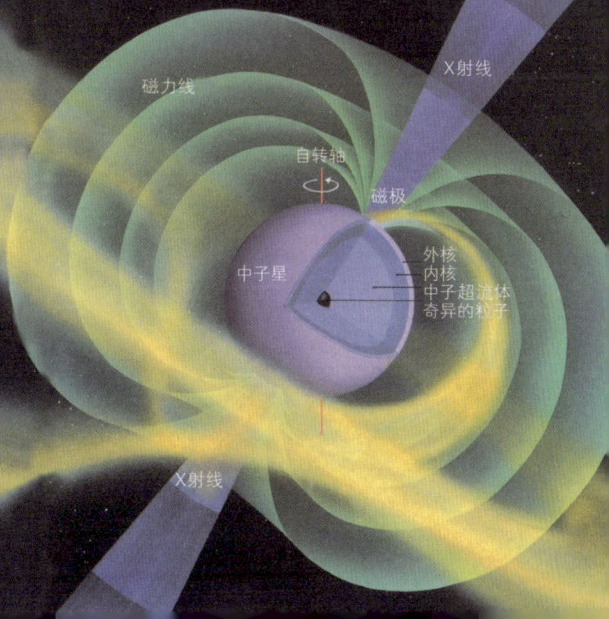

往地球

X射线

磁力线

自转轴

磁极

中子星

外核
内核
中子超流体
奇异的粒子

主星

气体流

X射线

黑洞 〉

对于那些质量更大（质量大于2.4个太阳质量）的恒星，形成中子星后，由于恒星核心的质量大到使塌缩过程无休止地进行下去，中子本身在挤压引力自身的吸引下被碾为粉末，剩下来的是一种密度高得难以想象的物质。由于巨大的引力，任何在它的势力范围的物质都逃不出它的掌心，包括宇宙中速度最快的物质——光也不例外，它的引力可以将跑得最快的光束缚住，所以它们很难被看到，因此被称为黑洞。1971年，美国发射的人造卫星"自由号"探测到一个来自天鹅座区域的很强的X射线脉冲源，这是第一个被确认的黑洞。到目前已经找到的几个可能的黑洞有：天鹅座X–1、天琴座β和御天座ε等。

黑洞

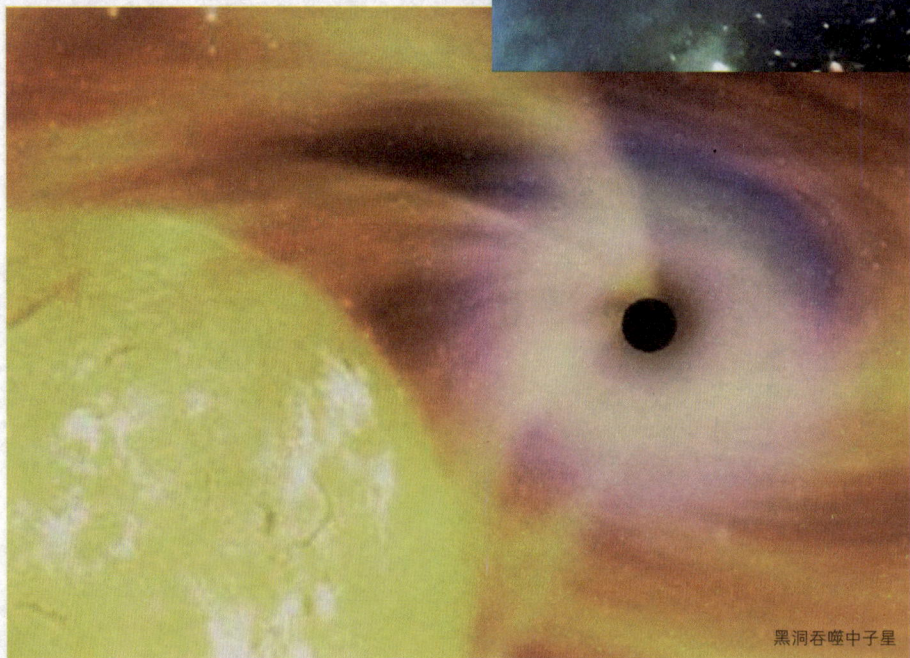

黑洞吞噬中子星

1 原始星云

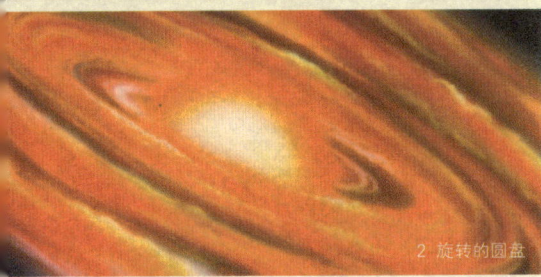
2 旋转的圆盘

3 微行星形成

4 微行星互相撞击

5 原行星形成

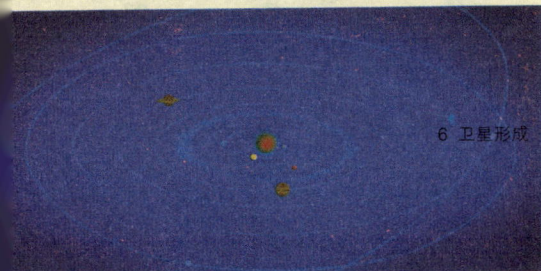
6 卫星形成

太阳系及地球的诞生 〉

　　现在我们再回过头来总结宇宙中星际物质的演化过程：大爆炸后，形成的氢、氦等气体物质，在一定条件下，在引力作用下，经过塌缩，演化成恒星或行星。恒星将死时，将体内的大量物质抛射到星际空间中，这些物质逐渐弥漫在宇宙的空间中，以气体或尘埃的形式存在，将成为新一代恒星或行星诞生的原材料。同时，正是在前一代恒星的演化过程中，通过核聚变形成了许多构成生命所必需的重元素，这些元素在恒星死亡后弥漫在宇宙空间中，才有可能使新一代恒星站在更高的起点上演化，甚至演化出生命。50亿年前，正是太阳以及与之相随的小行星、流星、彗星和行星由这些星际云经过塌缩演化产生出来时，这时银河系的年龄已有100多亿年，许多大质量恒星已经烧光，它们的灰烬已遍布于银河系，今日地球上的重元素就是从那些早已消失的恒星的核里抛出来的。现在太阳正处于主序星阶段，它的演化结果将是白矮星，最终成为黑矮星。

宇宙的未来

宇宙有年龄,那么是否有寿命?下面我们就来展望一下宇宙的未来。我们知道,远处的星系正飞离地球而去,宇宙在膨胀。由于星系之间存在的万有引力,随着时间的推移,星系退行的速度将会变慢。我们可以猜测两种可能的宇宙运动模式:如果星系退行的速度能变到零,星系将在万有引力的作用下向相反方向彼此靠近;或者速度永远不会降到零,宇宙将永远膨胀下去。

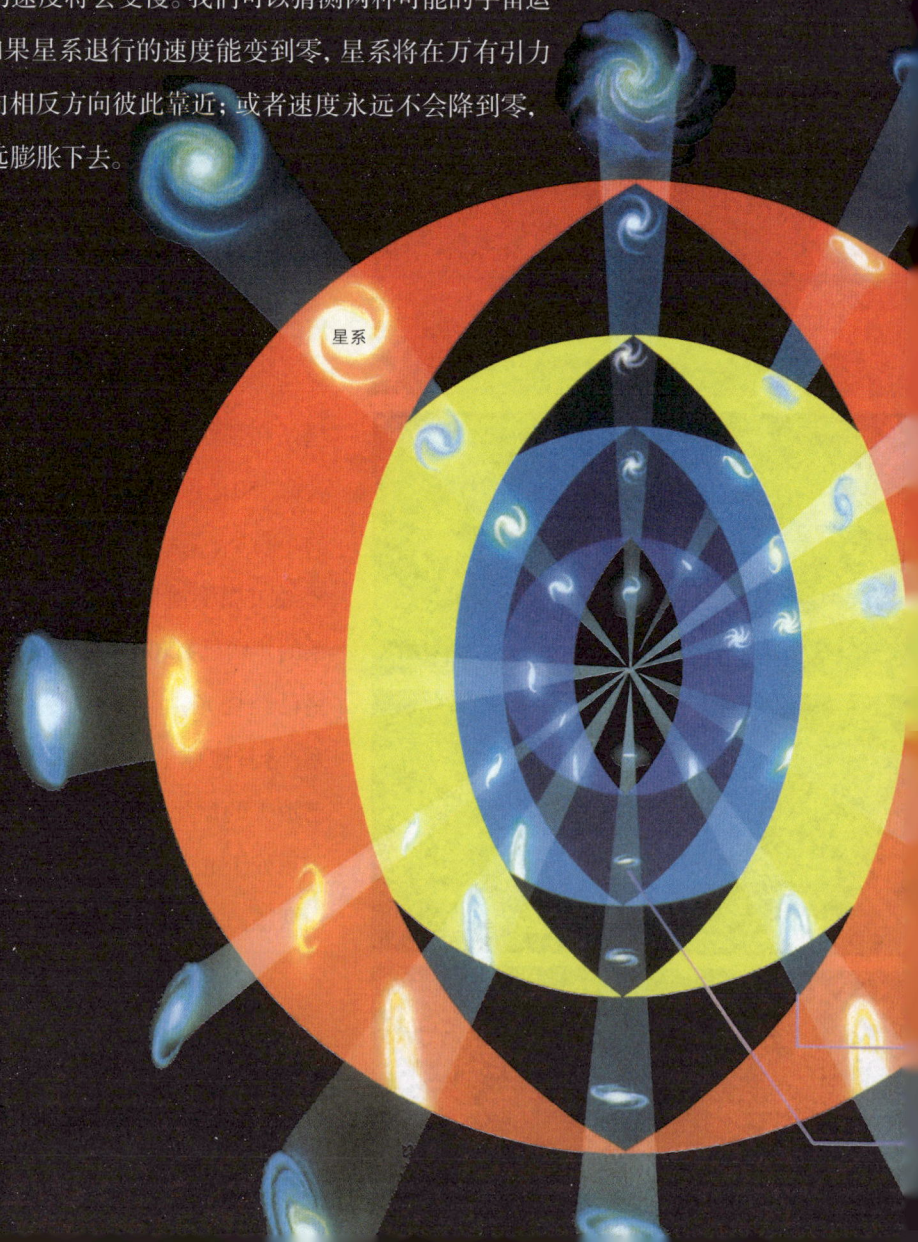

星系

● 哈勃定律

下面的图表说明哈勃定律：任何两颗星在这条直线上的距离越远，相互的退行速度越快。

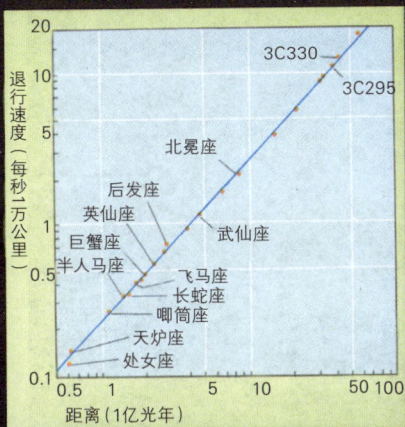

● 宇宙会不断膨胀还是会坍缩？

宇宙的未来不外两种结果。如果宇宙在临界密度（即每立方米有3个氢原子的密度）之下，没有足够的重力保持聚集在一起，将会永远扩大膨胀（右下图）；如果宇宙在临界密度之上，重力将促使宇宙坍缩，发生"大坍缩"（左下图）。

坍缩的宇宙　　　　　　膨胀的宇宙

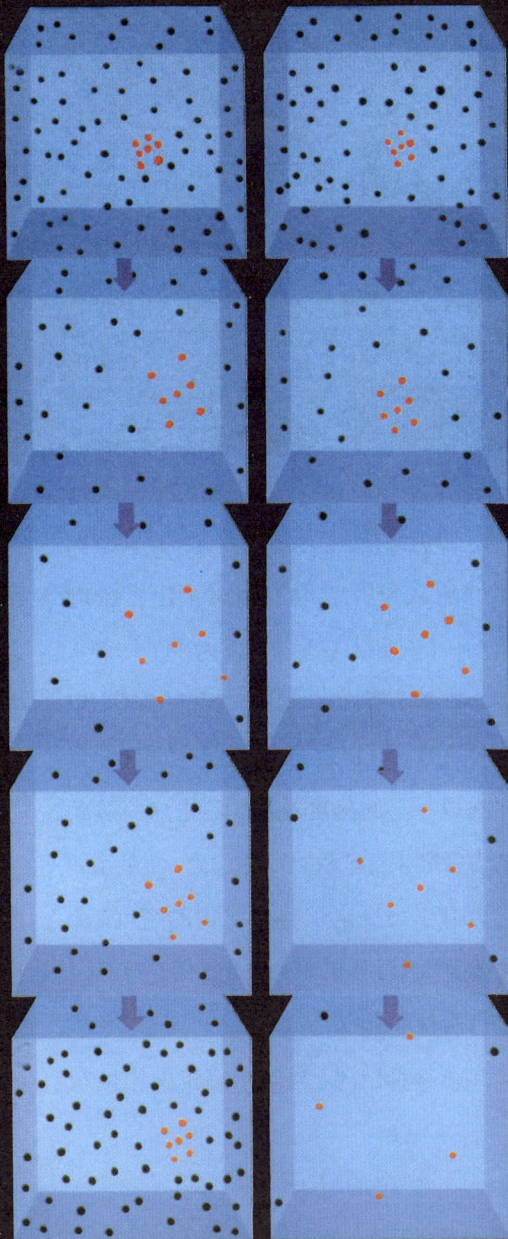

● 宇宙膨胀

以一个星系为起点（左图），其他所有的星系都以与距离成正比的速度移离它。例如类星体是宇宙中最遥远的天体，它们在光谱中的吸收谱线（下图上）出现红移，这说明它们的退行速度比那些离起点近些的天体（下图中、下）更快。如果以另一个星系为起点，速度和距离之间的关系也会如此。这个不变的关系说明宇宙正在向四面八方膨胀。

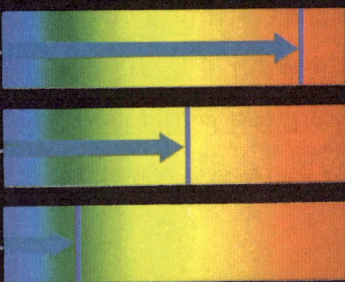

20世纪初，苏联数学家亚力山大·弗里德曼从爱因斯坦的相对论出发推断出，一个时间不发生变化的空间，即静止的宇宙是不存在的，随着时间的推移，空间要么变大，要么缩小。宇宙在膨胀，星系在以一定的速度远离，阻止这一过程的力量则来自星系之间的引力，而星系间的万有引力决定于整个宇宙的密度。弗里德曼认为宇宙的未来决定于它的密度，它有两种可能的结果。

第一种情况，当整个宇宙的密度很大时，万有引力也很大，因此星系退行的速度会不断减慢直到星系的退行停止，也就是宇宙的膨胀停止了。这个停止的过程不会很久，使宇宙慢下来的力导致宇宙逆转其进程，宇宙开始收缩，直到成为一点。这种宇宙模型叫做封闭式模型。

第二种情形，当整个宇宙的密度比较小时，宇宙开始时体积为零，一旦开始膨胀，便不停地膨胀下去，因为宇宙的物质密度不足以提供使它停止的万有引力。

到底宇宙是会先膨胀后又收缩，还

是会永远膨胀下去呢？宇宙的模型交给科学家们去选择吧，我们姑且到未来去旅行，看一看不同模型中宇宙的未来。在开放的宇宙中，接下来的数十亿年内宇宙的变化不大，还会有新的星系和恒星出现，只是它们会变得越来越暗淡，这一方面是星系距离我们越来越远的缘故，另一方面现有的恒星内部核反应会慢慢变弱，直到恒星之火熄灭。此时的宇宙将不可抗拒地暗下来，恒星在耗尽有限的燃料后相继灭亡，变成白矮星、中子星和黑洞。白矮星会最终变成黑矮星，一部分中子星会发生超新星爆炸，形成星际物质，一部分中子星会变成黑洞，因为随着宇宙的膨胀，宇宙的密度会不断地变小，当宇宙的密度小到一定程度时，星际物质

在万有引力的作用下重新形成恒星的可能性将越来越小，黑洞将成为宇宙中物质的主要存在形态。即便到了那个时候，宇宙的演化也没有停止，因为黑洞的生命也不是永恒的，著名的物理学家史蒂芬·霍金描述了黑洞的性质（略），最终黑洞也将走向毁灭。黑洞在结束生命时会发生爆炸，这称为黑洞蒸发，它所有的质量以射线的形式还给了宇宙。最终，宇宙将成为一片安静之地，充满了无法观察到的冷"光"和由微子、电子和正电子构成的弱的射线。

我们再来看看封闭宇宙模型的情形。几十亿年后，引力将宇宙之车刹住，在短暂的僵持后，宇宙开始收缩。显然，此时的天文学家观察到的将不再是星系的退行和红移现象，而是星系的靠拢和蓝移，显然星系靠近的速度会越来越快，光子的能量增加，直到足以摧毁一切恒星和行星，宇宙的宏观结构全部被摧毁了，宇宙最终会收缩到一点，在这一点上，就再也没有空间、时间和物

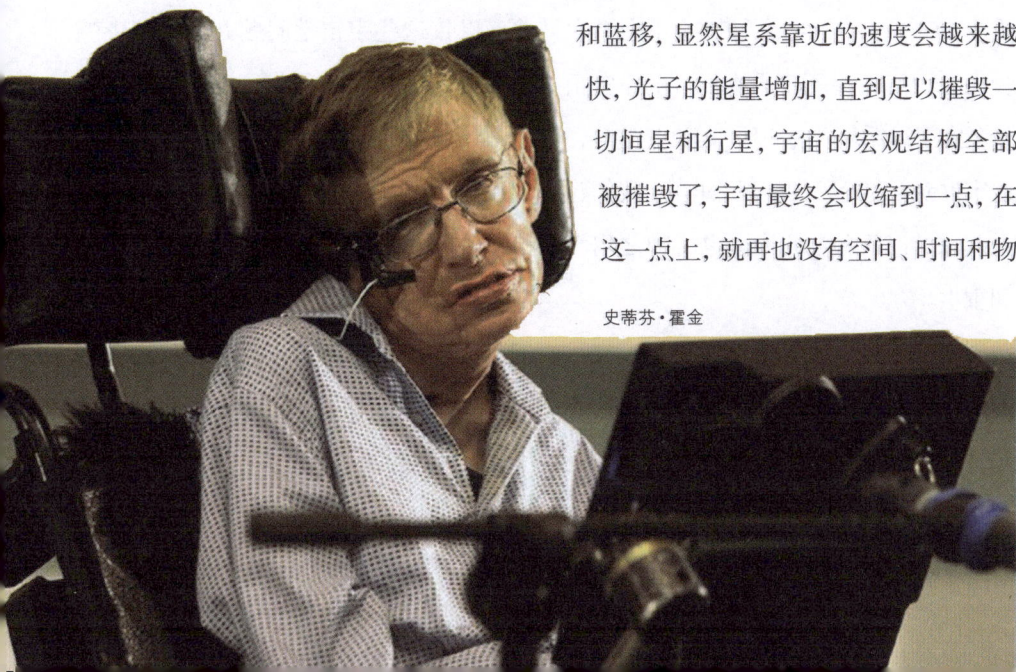

史蒂芬·霍金

年轻的黑洞

质了。在这"一点"之后，宇宙会不会再次膨胀呢？也许，说不定人类所处的宇宙正是无穷无尽循环中的一环。若真是这样，在宇宙创生和毁灭的疾风暴雨中，我们建立起来的时间和空间大厦也将随之坍塌和重生。

目前我们处在膨胀宇宙中，人类目前还无法断定宇宙的模型到底封闭的还是开放的。但宇宙的演变时间是如此之长，以致这些宇宙学问题并不直接影响人类的利害关系。我们不必为生活在一个震荡着的宇宙中，还是生活在一个永远膨胀着的宇宙中而苦恼。但是，对宇宙未来的研究能满足人类对未知事物不断探索的天性，更重要的是这一研究过程能促进科学的进步、技术的发展、会深化人类对整个自然界的认识，因此这是一件具有深远意义的工作。

> **古籍中的"宇宙"**

在古籍中，"宇"的含义包括各个方向，如东西南北的一切地点；"宙"包括过去、现在、白天、黑夜，即一切不同的具体时间。战国末期的尸佼说："四方上下曰宇，往古来今曰宙。"可以说，中国古代所普遍接受的宇宙概念，就是出自先秦诸子中的尸佼。然而尸佼的定义简练、明确，易于与人们的日常经验相吻合。但是，这一定义实际上只是限于对宇宙外在形式的表述，而与宇宙的真实本质相差甚远。和这一定义不同，《庄子》的宇宙概念内在而丰富，虽然不易于训读，难于理解，但更加接近宇宙的实质。《庄子·庚桑楚》："出无本，入无窍。有实而无乎处，有长而无乎本剽。有所出而无窍者有实。有实而无乎处者，宇也；有长而无本剽者，宙也。"

庄子画像

庄子雕像

33

银河系及河外星系 〉

随着测距能力的逐步提高，人们逐渐在越来越大的尺度上对宇宙的结构建立了立体的观念。这里第一个重要的发展，是认识了银河。它包含两重含义，一是了解了银河的形状；二是认识了河外天体的存在。

银河系是太阳所属的一个庞大的恒星集团，约包括1011颗恒星。这种恒星集团叫星系。银河系中大部分恒星分布成扁平的盘状。盘的直径为25kpc（千秒差距，1秒差距＝3.26光年＝3.09亿亿米），厚度约为2kpc。盘的中心有一球状隆起，称为核球。盘的外部由几条旋臂构成。太阳位于其中一条旋臂上，距离银心约7kpc。银盘上下有球状的延展区，其中恒星分布较稀疏，称为银晕。晕的总质量约占整体的10%，直径约为30kpc。我们的太阳，就其光度、质量和位置讲，都只是银河系中一个极普通的成员。

此外重要的是，并非天穹上一切发光体都是银河系的一部分。设想有一个类似银河系的恒星集团，处于500kpc的距离上（银河自身大小为30kpc）。其表观亮度与2pc（秒差距）远处一颗类似太阳的恒星是一样的。因此对天穹上的某个光点，只有测定它的距离，才能区分它是银河系内的恒星还是属于银河系外的另一个星系。实际上，天穹上的大多数光点是银河系的恒星，但也有相当大量的发光体是与银河系类似的巨大恒星集团，历史上曾被误认为是星云，我们称它们为河外星系，现在已知道存在1000亿个以上的星系，著名的仙女星系、大小麦哲伦星云就是肉眼可见的河外星系。星系的普遍存在，表明它代表宇宙结构中的一个层次，从宇宙演化的角度看，它是比恒星更基本的层次。

银河系目视全景图

河外星系

　　星系的质量差别很大。银河系的质量约为$10^{11}M_\odot$（太阳质量单位）。在明亮的星系中，这是典型的大小。质量很小的星系太暗，不易看到。小星系的质量可低达$10^6M_\odot$。星系的典型尺度为几十千秒差距。若对视星等在23等以内的星系作统计，星系总数在10^9以上。

　　20世纪60年代以来，天文学家还找到一种在银河系以外像恒星一样表现为一个光点的天体，但实际上它的光度和质量又和星系一样，我们叫它类星体，现在已发现了数千个这种天体。

太阳系的奥秘 ＞

太阳系是46亿年前随着太阳的形成而形成的。太阳星云由于自身引力的作用而逐渐凝聚，形成了一个由多个天体按一定规律排列组成的天体系统。太阳系的成员包括1颗恒星、8颗行星、多个矮行星、至少63颗卫星、约100万颗小行星、无数的彗星和星际物质。

太阳是银河系中一颗普通的恒星。根据恒星演化理论，太阳与其他大多数恒星一样，是从一团星际气体云中诞生的。这团气体云存在于约46亿年前，位于银河系的盘状结构中，离中心约25亿亿千米。其体积约为现在太阳的500万倍，主要成分是氢分子。这就是"太阳星云"。经历40多万年的收缩凝聚，星云中心诞生了一颗恒星，它就是太阳。

在太阳形成以后不久，残存在太阳周围的一些气体和尘埃，形成了围绕太阳旋转的行星和诸多小行星、彗星等其他太阳系天体，包括地球和月亮。太阳现在的年龄约为46亿年，处于它一生中的中年时期。它还可以平静地燃烧约50亿年。

太阳系据目前所知有八大行星，它们可分为两大类。一类是与地球类似的，有着坚硬石质外壳的"类地行星"，

36

从里向外分别包括水星、金星、地球和火星。火星轨道外侧是小行星带，因此类地行星又叫"带内行星"。类地行星的卫星非常少，像水星和金星就根本没有卫星。另一类是"类木行星"，也叫"巨行星"或"带外行星"。类木行星的体积都非常大，而且没有固态的外壳，主要是由气体组成的。包括行星之王木星、土星、天王星和海王星。类木行星的另一特点是它们都有环，其中尤以土星的环最为显著。类木行星的卫星众多。此外还存在着一类"矮行星"。该类行星体积较小，基本上都位于海王星的轨道之外，且不能依靠自身质量和引力清除其轨道上的

其他天体。在火星和木星的轨道间横亘着小行星带，带内分布着数不清的小行星。小行星和行星都诞生自太阳星云，但它们的体积过于微小。

在太阳系的周围还包裹着一个庞大的"奥特星云"。星云内分布着不计其数的冰块、雪团和碎石。其中的某些会受太阳引力影响飞入内太阳系，这就是彗星。这些冰块、雪团和碎石进入太阳系内部，其表面因受太阳风的吹拂而开始挥发。所以彗星都拖着一条长长的尾巴，而且越靠近太阳尾巴越长、越明显。太阳系内的星际空间并不是真空的，而是充满了各种粒子、射线、气体和尘埃。

● 天文学——要知"天高地厚"

天文学的起源可以追溯到人类文化的萌芽时代。远古时代，人们为了指示方向、确定时间和季节，而对太阳、月亮和星星进行观察，确定它们的位置、找出它们变化的规律，并据此编制历法。从这一点上来说，天文学是最古老的自然科学学科之一。

早期天文学的内容就其本质来说就是天体测量学。从

16世纪中叶哥白尼提出日心体系学说开始，天文学的发展进入了全新的阶段。此前包括天文学在内的自然科学，受到宗教神学的严重束缚。哥白尼的学说使天文学摆脱宗教的束缚，并在此后的一个半世纪中从主要纯描述天体位置、运动的经典天体测量学，向着寻求造成这种运动力学机制的天体力学发展。

18、19世纪，经典天体力学达到了鼎盛时期。同时，由于分光学、光度学和照

哥白尼雕像

哥白尼绘制的宇宙图

相术的广泛应用，天文学开始朝着深入研究天体的物理结构和物理过程发展，诞生了天体物理学。20世纪现代物理学和技术高度发展，并在天文学观测研究中找到了广阔的用武之地，使天体物理学成为天文学中的主流学科，同时促使经典的天体力学和天体测量学也有了新的发展，人们对宇宙及宇宙中各类天体和天文现象的认识达到了前所未有的深度和广度。

天文学就本质上说是一门观测科学。天文学上的一切发现和研究成果，离不开天文观测工具——望远镜及其后端接收设备。在17世纪之前，人们尽管已制作了不少天文观测仪器，如中国的浑仪、简仪，但观测工作只能靠肉眼。1608年，荷兰人李波尔赛发明了望远镜，1609年伽里略制成第一架天文望远镜，并作出许多重要发现，从此天文学跨入了望远镜时代。在此后人们对望远镜的性能不断加以改进，以期观测到更暗的天体和取得更高的分辨率。1932年美国人央斯基用他的旋转天线阵观测到了来自天体的射电波，开创了射电天文学。1937年诞生第一台抛物反射面射电望远镜。之后，随着射电望远镜在口径和接收波长、灵敏度等性能上的不断扩展、提高，射电天文观测技术为天文学的发展作出了重要的贡献。20世纪后50年中，随着探测器和空间技术的发展以及研究工作的深入，天文观测进一步从可见光、射电波段扩展到包括红外、紫外、X射线和γ射线在内的电磁波各个波段，形成了多波段天文学，并为探索各类天体和天文现象的物理本质提供了强有力的观测手段，天文学发展到了一个全新的阶段。

而在望远镜后端的接收设备方面，19世纪中叶，照相、分光和光度技术广泛应用于天文观测，对于探索天体的运动、结构、化学组成和物理状态起了极大的推动作用，可以说天体物理学正是在这些技术得以应用后才逐步发展成为天

伽利略画像

学的主流学科。

天文和气象不同，它的研究对象是地球大气层外各类天体的性质和天体上发生的各种现象——天象，而气象研究的对象是地球大气层内发生的各种现象——气象。香港天文台也经常发播台风警报，是个例外。

天文学所研究的对象涉及宇宙空间的各种物体，大到月球、太阳、行星、恒星、银河系、河外星系以至整个宇宙，小到小行星、流星体以至分布在广袤宇宙空间中的大大小小尘埃粒子。天文学家

伽利略望远镜

把所有这些物体统称为天体。地球也是一个天体，不过天文学只研究地球的总体性质而一般不讨论它的细节。另外，人造卫星、宇宙飞船、空间站等人造飞行器的运动性质也属于天文学的研究范围，可以称之为人造天体。

宇宙中的天体由近及远可分为几个层次：(1)太阳系天体：包括太阳、行星（包括地球）、行星的卫星（包括月球）、小行星、彗星、流星体及行星际介质等。(2)银河系中的各类恒星和恒星集团：包括变星、双星、聚星、星团、星云和星际介质。太阳是银河系中的一颗普通恒星。(3)河外星系，简称星系，指位于我们银河系之外、与我们银河系相似的庞大的恒星系统，以及由星系组成的更大的天体集团，如双星系、多重星系、星系团、超星系团等。此外还有分布在星系与星系之间的星系际介质。

天文学还从总体上探索目前我们所观测到的整个宇宙的起源、结构、演化和未来的结局，这是天文学的一门分支学科——宇宙学的研究内容。天文学按照研究的内容还可分为天体测量学、天体力学和天体物理学三门分支学科。

天文学始终是哲学的先导，它总是站在争论的最前列。作为一门基础研究学科，天文学在不少方面是同人类社会密切相关的。时间、昼夜交替、四季变化的严格规律都须由天文学的方法来确定。人类已进入空间时代，天文学为各类空间探测的成功进行发挥着不可替代的作用。天文学也为人类和地球的防灾、减灾做着自己的贡献。天文学家也将密切关注灾难性天文事件——如彗星与地球可能发生的相撞，及时作出预防，并作出相应的对策。

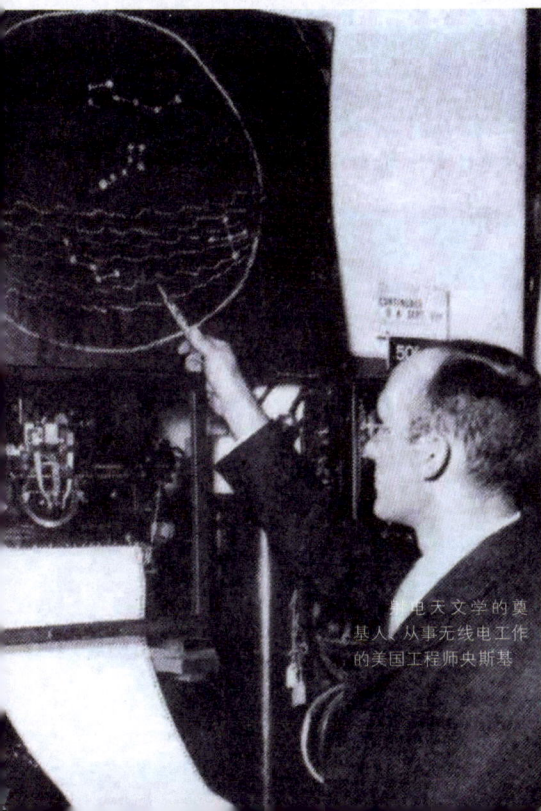

射电天文学的奠基人、从事无线电工作的美国工程师央斯基

41

● 天文观测

观测天体的重要手段是天文望远镜。可以毫不夸张地说，没有望远镜的诞生和发展，就没有现代天文学。随着望远镜在各方面性能的不断改进和提高，天文学也正经历着巨大的飞跃，迅速推进着人类对宇宙的认识。

1608年，荷兰眼镜商李波尔赛偶然发现用两块镜片可以看清远处的景物，受此启发，制造了人类历史第一架望远镜。1609年，天文学家伽利略制作了一架

开普勒画像

口径4.2厘米，长约1.2米的折射式望远镜。这架望远镜将天文学带入了望远镜时代。

随后在1611年，德国天文学家开普勒又将天文望远镜作了改进，提高了放大倍数。直到今天人们使用的折射式望远镜还是这两种。天文望远镜采用的是开普勒式。折射望远镜的优点是焦距长，底片比例尺大，对镜筒弯曲不敏感，比较适合于做天体测量方面的工作。但是它也有一定的缺陷，巨大的光学玻璃浇制也十分困难，到1897年折射望远镜的发展达到顶点，技术上的限制使得此后的100多年中再也没有更大的折射望远镜出现。

1668年诞生了第一架反射式望远镜。经过多次磨制非球面的透镜失败后，牛顿另辟思路发明了反射望远镜。用反射镜代替折射镜是一个巨大的成功。它有许多优点，而且相对于折射望远镜比较容易制作，虽然它也存在固有的不足。

折反射式望远镜最早出现于1814

牛顿画像

年。到了1931年，德国光学家施密特将一块近于平行板的非球面薄透镜与球面反射镜相配合，制成了一架折反射望远镜。这种望远镜光力强、视场大、象差小，适合于拍摄大面积的天区照片，尤其是对暗弱星云的拍照效果非常突出。这类望远镜已经成了天文观测的重要工具。它兼顾折射和反射两种望远镜的优点，非常适合业余的天文观测和摄影。

300多年来，光学望远镜一直是天文观测最重要的工具。

1932年，央斯基（Jansky. K. G）用无线电天线探测到来自银河系中心（人马座方向）的射电辐射，标志着人类打开了在传统光学波段之外进行观测的第一个窗口。第二次世界大战后，射电天文学脱颖

43

哈勃望远镜

而出。射电望远镜为射电天文学的发展起
了关键的作用。上世纪60年代天文学的四
大发现：类星体、脉冲星、星际分子和宇
宙微波背景辐射，都是用射电望远镜观测
得到的。

　　除了射电观测，非可见光天文观测
还包括红外观测、紫外观测、X射线观测
和γ射线观测等。由于这几种天文观测
受地球大气的影响更大，人们往往将望

爱德温·哈勃

远镜安装在飞机上，或用热气球载上高空。此后又用火箭、航天飞机和卫星等空间技术将望远镜送到地球大气层外。

空间观测设备与地面观测设备相比，有极大的优势。光学空间望远镜可以比在地面接收到宽得多的波段。由于没有大气抖动，分辨率也得到了极大的提高。空间没有重力，仪器也不会因自重而变形。

以天文学家哈勃的名字命名的哈勃空间望远镜（HST）是由美国宇航局主持建造的四座巨型空间天台中的第一座，也是所有天文观测项目中规模最大、投资最多、最受公众瞩目的一项。它筹建于1978年，设计历时7年，1989年完成，并于1990年4月25日由航天飞机运载升空，耗资30亿美元。但是由于人为原因造成的主镜光学系统的球差，不得不在1993年12月2日进行了规模浩大的修复工作。成功的修复使哈勃望远镜的性能达到甚至超过了原先设计的目标。观测结果表明它的分辨率比地面的大型望远镜高出几十倍。它对国际天文学的发展有非常重要的影响。

哈勃望远镜"病愈"后发回的第一张星系照片

45

● 宇宙探索的好帮手

火箭 〉

　　人如果建造梯子去登天，那么从地球到月球的梯子长度将达38万千米，这简直是不可思议的事。人只有建造天梯——运载火箭。

　　运载火箭是由多级火箭组成的航天运输工具，是星际间航行的惟一交通员。因为它靠自身携带的燃料产生的喷气反作用力飞行，而不是像气球要靠空气的浮力，飞机要靠空气的升力飞行，有没有空气对它来讲无所谓，没有空气时它受到的阻力小，飞起来反而更"惬意"。所以，到没有空气的宇宙空间去，非它莫属。

　　运载火箭的任务很艰巨：要把人造地球卫星、载人飞船、空间站或空间探测器等，准确地送到科学家预定的轨道。

　　它是怎么飞行的呢？先来做一个小试验：把气球吹满气，猛一松手，它肯定会向前"飞"出一定距离后才落到地面。原来气球之所以能"飞"是因为受到它"肚子"里排放出来的空气的反作用力的推动。

　　火箭飞行的原理和气球"飞"的原理一样，都是利用了物体的反作用力。火箭的"肚子"里装有燃料，燃料点着后产生大量热量，变成急剧膨胀的气体，气体从火箭尾部猛烈喷出，火箭便在气体喷发产生的反作用力下向前飞行了。

　　火箭为什么能飞得那么快呢？我们知道，燃料产生的热量越多，喷射气体的速度越快，产生的推力就越大。科学家计算过，一般火箭燃气的喷射速度约为每秒2千米左右，当燃料的重量是火箭净重的1.72倍时，火箭的最终速度等于气体的喷射速度，如果要使火箭的最终速度达到气体喷射速度的2倍、3倍，那么就要相应地增加燃料。可是燃料一增加，火箭的体积，重量也就随之增加，而用同样的力推动轻重不同的物体，其速度是不一样的。怎么解决增加燃料又不过多地增加火箭重量的矛盾呢？科学家们想了一个绝妙的办法，就是把火箭做成一级一级的，每一级都有燃料，烧完一级就扔掉一级，这样火箭就越飞越轻，速度也越来越快。再加上离地球越来越远，地心引力和空气阻力都随之减小等其他因素，火箭便可以有超过其他任何交通工具的速度。

你想知道火箭的身体构造吗？一般来讲火箭身上有三大系统：结构系统、动力系统、控制系统。结构系统是它的躯壳；动力系统是它的心脏，由燃料部分和发动机部分组成；控制系统好比它的大脑，指挥火箭飞多快，怎样飞和飞到哪儿。多级火箭在飞行中，它的身体被一节一节地甩掉，最末的一节把卫星"顶"到预定轨道。

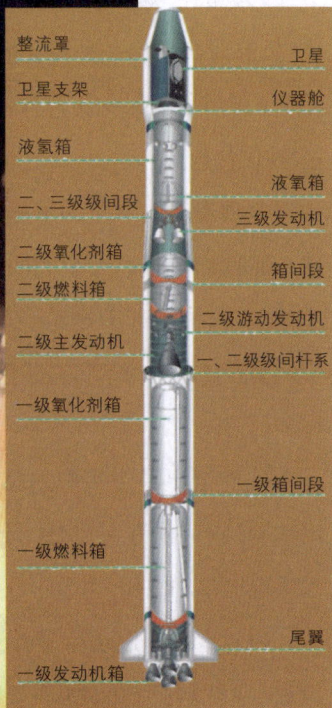

整流罩
卫星支架
液氢箱
二、三级级间段
二级氧化剂箱
二级燃料箱
二级主发动机
一级氧化剂箱
一级燃料箱
一级发动机箱

卫星
仪器舱
液氧箱
三级发动机
箱间段
二级游动发动机
一、二级级间杆系
一级箱间段
尾翼

德国"伦琴天文卫星"

卫星 〉

晴朗的夜空, 当你抬头仰望满天星斗时, 有时会看到一种移动的星星, 它像天幕上的神行太保匆匆奔忙, 它们是什么星? 在忙些什么?

这种奇特的星星并不是宇宙间的星球, 而是人类挂上天宇的明灯——人造地球卫星。它们巡天遨游, 穿梭往来, 忠实地为人类服务, 给冷寂的宇宙增添了生气和活力。

人造卫星是个兴旺的家族, 如果按用途分, 它可分为三大类: 科学卫星、技术试验卫星和应用卫星。

科学卫星是用于科学探测和研究的卫星, 主要包括空间物理探测卫星和天文卫星, 用来研究高层大气、地球辐射带、地球磁层、宇宙线、太阳辐射等, 并可以观测其他星体。

技术试验卫星是进行新技术试验或为应用卫星进行试验的卫星。航天技术中有很多新原理、新材料、新仪器, 其能否使用, 必须在天上进行试验; 一种新卫星的性能如何, 也只有把它发射到天上去实际"锻炼", 试验成功后才能应用; 人上天之前必须先进行动物试验, 这些都是技术试验卫星的使命。

应用卫星是直接为人类服务的卫星, 它的种类最多, 数量最大, 其中包括: 通信卫星、气象卫星、侦察卫星、导航卫星、测地卫星、地球资源卫星、截击卫星等等。

人造卫星的运行轨道（除近地轨道外）通常有三种：地球同步轨道、太阳同步轨道、极轨轨道。

地球同步轨道是运行周期与地球自转周期相同的顺行轨道。但其中有一种十分特殊的轨道，叫地球静止轨道。这种轨道的倾角为零，在地球赤道上空35786千米。地面上的人看来，在这条轨道上运行的卫星是静止不动的。一般通信卫星、广播卫星、气象卫星选用这种轨道比较有利。地球同步轨道有无数条，而地球静止轨道只有一条。

太阳同步轨道是轨道平面绕地球自转轴旋转的，方向与地球公转方向相同，旋转角速度等于地球公转的平均角速度（360度/年）的轨道，它距地球的高度不超过6000千米。在这条轨道上运行的卫星以相同的方向经过同一纬度的当地时间是相同的。气象卫星、地球资源卫星一般采用这种轨道。

极轨轨道是倾角为90度的轨道，在这条轨道上运行的卫星每圈都要经过地球两极上空，可以俯视整个地球表面。气象卫星、地球资源卫星、侦察卫星常采用此轨道。

别看人造卫星个头不大，五脏可齐全呢！它的通用系统有结构、温度控制、姿态控制、能源、跟踪、遥测、遥控、通信、轨道控制、天线等系统，返回式卫星还有回收系统，此外还有根据任务需要而设的各种专用系统。

朱诺木星探测器

宇宙探测器 〉

　　星河灿烂，深空路遥。当第一颗人造卫星进入地球轨道飞行之后不久，人类向地外星球进军就提上了日程。现在，人类制造的宇宙探测器不仅为人类登上月球开辟了道路，而且已经遍访了太阳系的各大行星，同时正在向太阳系外更遥远的星球跋涉。

　　人类对深空的探索和研究，具有重要的科学价值和社会影响。首先是利用航天技术的优势，更加全面地了解和认识日地空间环境，例如考察高空辐射带、宇宙射线、太阳风等对地球上生态的影响；其次，开发太阳系资源，在月球、火星上建立永久性空间基地，甚至为向这些地外星球移民创造条件；再次，通过对各大行星形成的研究，考察地球形成的历史，探索生命的起源，同时发现更多的新天体，揭开宇宙演化的奥秘，寻觅宇宙人的踪迹等等。第一个月球探测器进入太空30多年以来，人类已经有计划、有步骤地对太阳系各个天体进行了广泛考察，获得了极其丰富和宝贵的资料，加深了人们对太阳系空间的认识，甚至改变了过去长期建立起来的旧观念，并为进一步征服太阳系创造了条件。

深空探测首先从飞往月球开始，然后摆脱地球的束缚，向地球的近邻金星和火星进发，在周游太阳系后进入更加广阔的宇宙世界。最初，宇宙探测器只是小心翼翼地掠过这些天体，在轨道上对其周围的环境窥视，随后便大胆地采取硬着陆和软着陆方式降落到天体上实地考察，像月球、金星、火星上都已留下过探测器的足迹。

月球是人到深空探访的第一个目标。通常，月球探测器由地面发射升空后，先进入圆形停泊轨道；然后，探测器再加速进入地月转移轨道，这时轨道形状是以地心为焦点的圆曲线；月球探测器沿着转移轨道径直飞抵月球附近，进入月球引力作用范围，此时轨道形状转为以月心为焦点的双曲线；探测器再利用制动火箭减速飞行，使双曲线轨道变为椭圆轨道绕月球飞行，最后到达月球。月球探测器从地球飞到月球的时间，按这条轨道飞行一般需要5天。

因为从地球飞往行星的路途遥远，火箭不能带更多的燃料，必须尽可能节约燃料，选择一条飞往行星的捷径。1925年奥地利科学家霍曼（W·Hohmann）首

先提出飞向行星的最佳轨道只有一条，就是与地球轨道及目标星轨道同时相切的双切式椭圆轨道。这条最佳轨道叫霍曼轨道。它利用地球和行星的公转运动，使探测器仅在初始阶段得到必要的速度，然后大部分时间是惯性飞行，这就节省了燃料，只是飞行的时间较长。如果从地球起飞的初速度大约每秒11.5千米，那么沿着这条轨道飞往金星，单程需要约146天；如果从地球起飞的初速度为每秒11.6千米，则单程飞往火星需要259天左右；飞往水星的初速每秒14.2千米时，单程大约需1000天。如果要飞往土星，需2200天；飞往天王星要5800天；飞往海王星要13000天。这只是以目前火箭技术达到的水平而言。将来如果研制成性能更好和推力更大的火箭，如采用原子火箭、光子火箭，则可中途加速，或接近直线飞行，就会缩短星际航行的时间。

迄今，各种宇宙探测器已先后对月球、水星、金星、火星、木星、土星、天王星、海王星、冥王星、哈雷彗星以及许多小行星、卫星进行了近距离或实地考察，获得了丰硕的成果。像金星终日蒙上的一层密雾浓云及温暖世界，火星上所谓的人工运河和生命存在之谜，土星的奇异光环和卫星家族，最大的木星及其极光景观等，通过探测器的探访，大都陆续寻觅到了答案，而且不断获得新的发现，在人们面前展现出一幅崭新的太阳系面貌。现在，先驱者11号和旅行者2号探测器经过10年的漫长旅途，在造访众多行星之后，已经飞到了太阳系的边缘。它们肩负着人类神圣的使命，奔向更加遥远的恒星世界。形形色色、多姿多彩的宇宙探测器必将在探索太空、开发宇宙中建立新的功绩。

日本小行星探测器"隼鸟"号返回陆地

52

航天飞机 >

航天飞机，又称为太空梭或太空穿梭机，是可重复使用的、往返于太空和地面之间的航天器，结合了飞机与航天器的性质。它既能代表运载火箭把人造卫星等航天器送入太空，也能像载人飞船那样在轨道上运行，还能像飞机那样在大气层中滑翔着陆。航天飞机为人类自由进出太空提供了很好的工具，它大大降低航天活动的费用，是航天史上一个重要的里程碑。

航天飞机是一种为穿越大气层和太空的界线而设计的火箭动力飞机。它是一种有翼、可重复使用的航天器，由辅助的运载火箭发射脱离大气层，作为往返于地球与外层空间的交通工具，航天飞机结合了飞机与航天器的性质，像有翅膀的太空船，外形像飞机。航天飞机的翼在回到地球时提供空气刹车作用，以及在降跑道时提供升力。航天飞机升入太空时跟其他单次使用的载具一样，是用火箭动力垂直升入。因为机翼的关系，航天飞机的有效载荷比例较低。

设计者希望以重复使用性来弥补这个缺点。

航天飞机除了可在天地间运载人员和货物之外，凭着它本身的容积大、可多人乘载和有效载荷量大的特点，还能在太空进行大量的科学实验和空间研究工作。它可以把人造卫星从地面带到太空去释放，或把在太空失效的或毁坏的无人航天器，如低轨道卫星等人造天体修好，再投入使用，甚至可以把欧空局研制的"空间实验室"装进舱内，进行各项科研工作。

● 千载太空梦

鸟儿已经飞过，天空没有留下痕迹，但在人类的心中种下了梦想。人类可以像猿猴那样在树上攀援、可以像鱼儿那样在水里畅游，却不能像飞鸟那样在空中翱翔。也许正因为人自己不能飞行，我们的祖先把飞行视为超凡的能力，在不断探索中，有着许多天才的想象和梦想。

嫦娥奔月

嫦娥应悔偷灵药，碧海青天夜夜心 〉

远古时期的嫦娥奔月是家喻户晓的神话，美丽的广寒仙子便是偷吃了丈夫后羿从西王母处求来的长生不老药才飞上月亮的。服下一颗药丸便能飞天是最完美的一种方式，神女、仙子们俱是举止翩跹，姿容妙曼，对这种灵丹妙药的向往使得术士们热衷于炼丹制药，幻想能炼成金丹，服食一颗便能"轻身飞举，得道成仙"。《封神演义》中的雷震子吃下师傅给他的红杏后肋下长出肉翅，从此他就可以上下翻腾，飞翔自若。这红杏也算是"金丹"一系列了。另有一种药效略次的便是《镜花缘》中记录的"蹑空草"。取其籽放入掌心，一吹长一尺，再吹又长一尺，至三尺为止，人吃了可以立于空中不落。

虽然不能飞，但也算升空了。

雷震子雕像

我愿肋下生双翼，随花飞到天尽头 〉

鸟儿有一对灵巧的翅膀，可以自由翱翔。最初幻想飞行的人们最直接的希望就是能有一双类似的羽翼。因此传说中的飞行大都是借助了翅膀的。其典型的代表形象便是那个赤裸着身子、蒙着眼睛、手执弓箭的小男孩丘比特，他身后的一对肉翅使他能成天飞来飞去，用金箭射穿世俗的心。同样的，西方神话中的天使们都有这么一双翅膀。中国神话里也有类似的形象，唤做"翼民"，他们身长五尺，头长也是五尺，一张鸟嘴，两个红眼，一头白发，背生双翼，浑身碧绿。

如果不能长出翅膀，借助人工翅膀便是另一条出路。古希腊最著名的一个神话中关于用蜜蜡粘成的翅膀的传说。传说克里特王弥诺斯的王后帕西维与一头白毛公牛产下了人身牛头的怪物弥诺陶诺斯，克里特王命令巧匠代达罗斯建造了一座迷宫将怪物囚禁其中。迷宫完工后，代达罗斯和他的儿子伊卡洛斯被监禁起来，代达罗斯于是使用蜜蜡和羽毛制成了两副翅膀，和儿子一起逃出了监牢。然而当他们飞越爱琴海时，年轻气盛的伊卡洛斯不听父亲的劝告执意飞近太阳，最终蜡融翅断，伊卡洛斯坠海而亡。如果真有此事，这便应是最早的空难了。更精巧的人工翅膀便是翼衣。斯堪的纳维亚神话中的能工巧匠韦兰铁匠便曾打造过一副金属翼衣，并穿上它飞行。古代英国国王布拉德也曾给自己造过翼衣，并试图飞越伦敦，不幸的是他也坠毙了。

次提到这块编织精美、可飞可落的毛毯。神话中的主人公往往用它救出邪恶魔法师控制下的公主。

而比较具有现实意义的是利用动物来实现飞行。传说波斯国王卡考斯曾把几只雄鹰套在他的御座上，让雄鹰带着威风凛凛地飞行。波兰的黑衣魔术师瓦尔多夫斯基伯爵则没有他那么气派，只是骑在雄鸡背上飞上了月亮。另有一个小男孩尼尔斯·豪格尔森是骑在一只大白鹅背上完成了环游瑞典的旅行。与这些凡人相比，天神比较喜好骑马。斯拉夫传说中的宇宙神便总是骑着带翼的骏马驰骋于天空；希腊太阳神赫利俄斯的火焰战车也由体强力壮、背生双翼的骏马拉动。更高级的动物就是龙了，轩辕黄帝便是骑龙上天，唐僧的坐骑原也是一条小白龙。

此外还有关于飞鞋的传说，希腊的赫尔墨斯神便总被描绘成头戴翼帽、脚穿飞鞋的样子。不过，最精彩的当属孙行者的筋斗云，一个筋斗十万八千里，如此速度连现代飞行器也自愧弗如。

驾龙舟兮安雷，载云旗兮委蛇 ＞

古代的人们还从航船、马车中得到启示，希望能造出某种奇特的装置，可带人飞行，这可能是关于飞行器的最早设想了。最简易的是女巫的扫帚。手指细长，鼻子尖直，发如枯草，头戴尖顶小帽，骑在扫帚上从一家屋顶飞到另一家屋顶是中世纪女巫的经典形象。比扫帚高级一些的是飞毯，古代阿拉伯神话里不止一

57

世纪太空行

1957年10月4日，苏联第一颗人造卫星上天，拉开了人类航天时代的序幕。苏联宇航员、大名鼎鼎的加加林，于1961年4月12日，乘坐苏联"东方号"飞船，环绕地球飞行了一圈，历时近两个小时，成为了第一位进入太空的人。

人类进入太空第一人——加加林

"东方号"飞船返回地面

月球2号探测器

登月 >

月球是距离地球最近的天体(约38万千米),是人类进行太空探险的第一站。苏联1959年发射的月球2号探测器在月球着陆,这是人类的航天器第一次到达地球以外的天体。同年10月,月球3号飞越月球,发回第一批月球背面的照片。1970年发射的月球16号着陆于月球表面的丰富海,把100克月球土壤送回了地球。

美国在20世纪60年代开始的雄心勃勃的"阿波罗"计划的目的就是将人类送上月球进行实地考察。在此之前的1961年到1967年间,9个"徘徊者"、7个"勘测者"探测器和5个月球轨道器先后对月球进行了考察。它们拍摄了月球的照片,并分析了月球的土壤,为登上月球做好了准备。随后美国使用"土星"5号运载火箭先后向月球发射了17艘"阿波罗"飞船。其中"阿波罗"1-3号是试验飞船,4-6号是无人飞船,7号飞船载人绕地球飞行,8-10号载人绕月飞行,11号至17号是载人登月飞行。

1969年7月16日发射的"阿波罗"11号使人类首次登上了月球。执行该次任务的是阿姆斯特朗、奥尔德林和柯林斯。飞船抵达月球轨道后,柯林斯驾船绕月飞行,另两名宇航局驾驶登月舱于7月20日降落在月球表面的静海。阿姆斯特朗成为第一个登上月球的人。

当阿姆斯特朗代表所有的"地球人"向月球迈出第一步时说道:"这一步对于

月球3号探测器

59

阿姆斯特朗1969年成功登月

一个人来说是小小的一步，但对整个人类来说却是巨大的一步。"全世界的人通过电视转播目睹了阿姆斯特朗走下"天鹰座"宇航密封舱的9级阶梯，并在月球上留下人类的第一个脚印的壮观场面。阿姆斯特朗和奥尔德林在月球上停留2小时31分钟，他们竖起了一面美国国旗、放置一台激光反射器、一台月震仪和一个捕获太阳风粒子的铝箔帆。他们还摄制了月球表面、天空和地球的照片，收集了22公斤的土壤和岩石标本。

阿波罗11号飞船最大的成果就是第一次实现了载人登月，具有伟大的历史意义。它还对月球、地月空间进行了拍摄，考察了静海附近的月球环境，安放了多种科学试验仪器，并带回了岩石标本。在岩石分析和微生物分析方面取得了一些成果，包括月球的年龄、月球结构等。

同时发现，月球上没有任何微生物，历史上也不曾有过微生物。宇航员在月球表面进行了实地的科学考察，并把一块金属纪念牌和美国国旗插上了月球。此后又有5次成功的登月飞行，宇航员在月球上停留的时间总共约300小时。

此后对月球的考察几乎停滞，直到1994年，美国发射了"克莱门汀"号无人驾驶飞船，对月球进行了新的地貌测绘，其目的是为在不久的将来建立月球基地和月基天文台做准备。1998年1月6日发射升空的"月球勘探者"携带有中子光谱仪探测氢原子，它发现在月球两极的盆地底部存在水。

当阿姆斯特朗登上月球的那一刻，大众对于征服太空的热情空前高涨。但是，随着冷战的结束和研究的转向，1972年"阿波罗计划"结束之后，人类再也没有登上过月球。回首几十年来人类对太空的探索从未间断，探索幅度也早已超越月球。但是，"登月"并未远离，它俨然成为一个符号，深深嵌入了全球的社会生活中，而其真正意义更在于——登月开启了人类与机器融合的新起点。

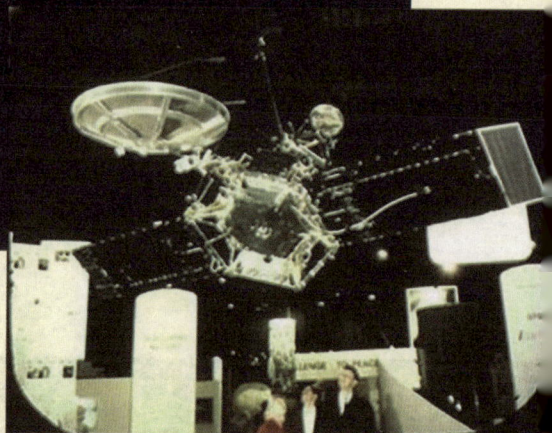

金星和水星的探索之旅 〉

　　金星的半径、质量、密度等与地球接近，是地球的姐妹行星。人们对它的兴趣很大，然而，地面观测所得的资料比较贫乏，对金星的研究充满了未知数。航天器可以使人们了解它更多的信息。虽然最初的几次探测器发射都失败了，但1962年美国发射的水手2号从距金星35000千米处飞过，成功地实现了航天器首次飞越行星，同时它发现金星表面温度高达400多摄氏度。1969年至1981年，苏联的金星5号至14号探测器先后在金星表面着陆成功，执行了多项科学考察任务。美国1978年5月20日发射的先驱者—金星1号经过长距离飞行，于同年12月4日到达金星并围绕它飞行，它用雷达探测了金星地形。先驱者—金

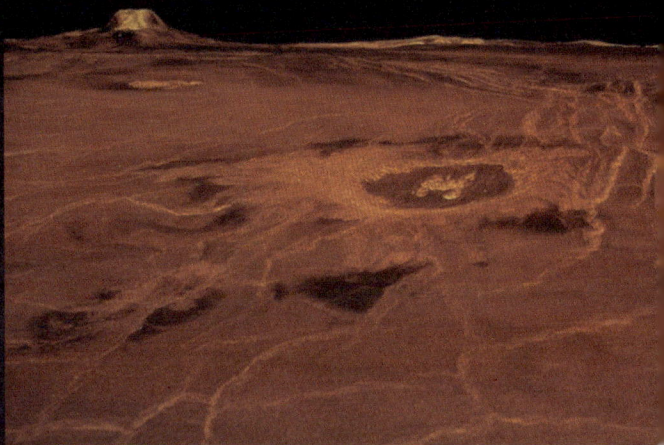

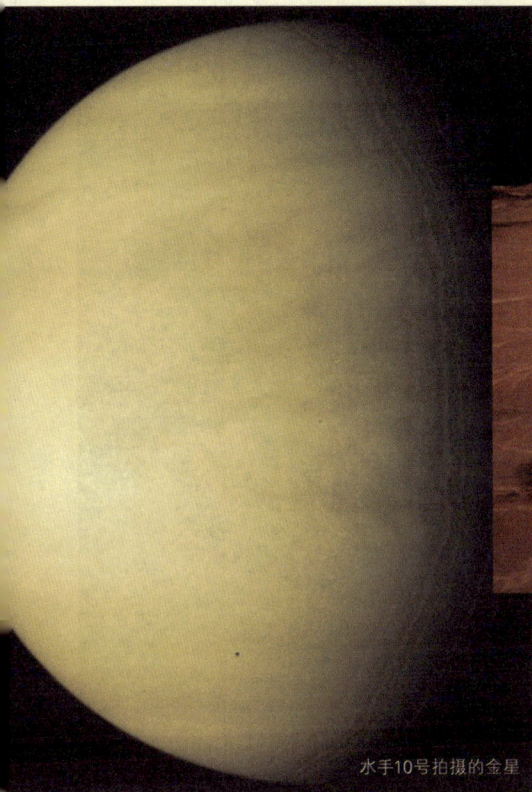

金星表面

水手10号拍摄的金星

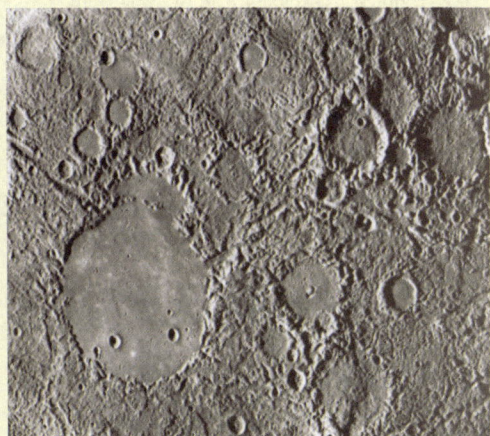

水星表面

星2号到达金星后向金星大气释放了4个探测器，探测器在向金星表面坠落的过程中，获得了金星大气、云层、磁场等各方面的数据。1989年美国发射的"麦哲伦号"探测器又运用综合孔径雷达对金星表面进行了探测。这些探测使我们了解到金星的磁场很弱，表面气压是地球海面气压的90倍。金星12号还探测到了闪电。

美国发射的"水手10号"飞船在考察了金星之后，曾3次飞临水星。是它发现了水星的磁场和磁层，并探测出水星大气的主要成分是氦。飞船上的两个摄像机拍摄了多幅图像，揭示出水星地形是由大量的陨石坑和盆地组成的。

63

火星地形

访问火星 〉

火星很像地球，有坚硬的表面和四季的交替。同时它还拥有随四季变化的极冠。在望远镜观测时代，人们还曾认为火星上有人工的运河。人类对火星的兴趣一直是非常浓厚的，因此到现在已经有20多艘飞船执行了探测火星的任务。1962年苏联发射了"火星1号"、"宇宙21号"，美国发射了"水手3号"，但都以失败而告终。1964年1月28日，美国发射的"水手4号"于1965年7月14日在距离火星1万千米的高空成功掠过，获得了第一批火星的照片。1974年，苏联发射的"火星5号"宇宙飞船首次拍摄了火星的彩色照片。随后两国又相继发射了多个绕火星飞行的轨道器，更加详细地了解了这颗行星的情况。

1976年，美国的"海盗1号"和"海盗2号"登陆器分别在火星上降落，并在降落的过程中，测量了大气温度的分布情况、火星大气压的情况。火星上有干涸的

火星实景照（蓝太阳是大气沙尘散射所致）

河床，有流水冲击的特征，这表明在过去有过大量的水。海盗号飞船的分析结果表明火星大气和表层物质中没有有机分子存在。摄像机监视结果也表明火星上没有生命活动的迹象。因此我们也许可以下结论说，火星表面现在可能没有生命，如果更严格的说，是没有与地球上类似的生命。人们不仅对火星感兴趣，也对火星的两个卫星感兴趣。在1988年，7月7日和7月12日，苏联发射了火卫飞船1号和2号绕火卫一飞行并着陆。

到最近几年，随着科技的飞速发展，人们有望直接登上火星进行实地考察，彻底弄清火星生命问题。因为它是太阳系中最有可能存在生命的星球。在人类踏上火星之前，将进行一系列的准备。

1993年美国"火星观察者"探测器在进入环绕火星的轨道之后，与地球失去联系，导致计划失败。1996年11月，美国又发射了"火星全球勘探者"探测器，经过7个月的星际飞行，在火星的阿瑞斯平原着陆。火星探路者携带了一个六轮小车，可以在火星的表面漫游，因而叫做火星漫游者，价值2500万美元。它分析了火星岩石和土壤。照片证实了海盗号的

65

结论，火星上曾发生过大洪水。

1996年11月美国发射了"火星全球勘测者"，在绕火星的轨道上研究火星表面、大气和磁场的情况。它还向地球发射无线电波，经过火星大气后到达地球，由此了解火星大气的温度、引力和化学组成。1999年1月3日，"火星极地着陆者"发射成功。然而，在飞行了11个月并登陆到火星上以后，就与地面失去了联系，宣告了这次航天活动的失败。

此后发射的火星气候观测器也遭失败。2001年，美国又发射了"火星奥德赛"探测器，现已成功抵达火星并成功进入环火星轨道。

欧洲空间局于2003年发射的"火星快车"探测器考察火星，这标志着欧洲空间局在行星探测方面跨入了新纪元。它由轨道器和着陆器组成。轨道器上有一个着陆器通信包，用于支持国际上在2003年至2007年间开展的火星探测活动。

火星湖的遗迹

火星火山（奥林匹斯山）

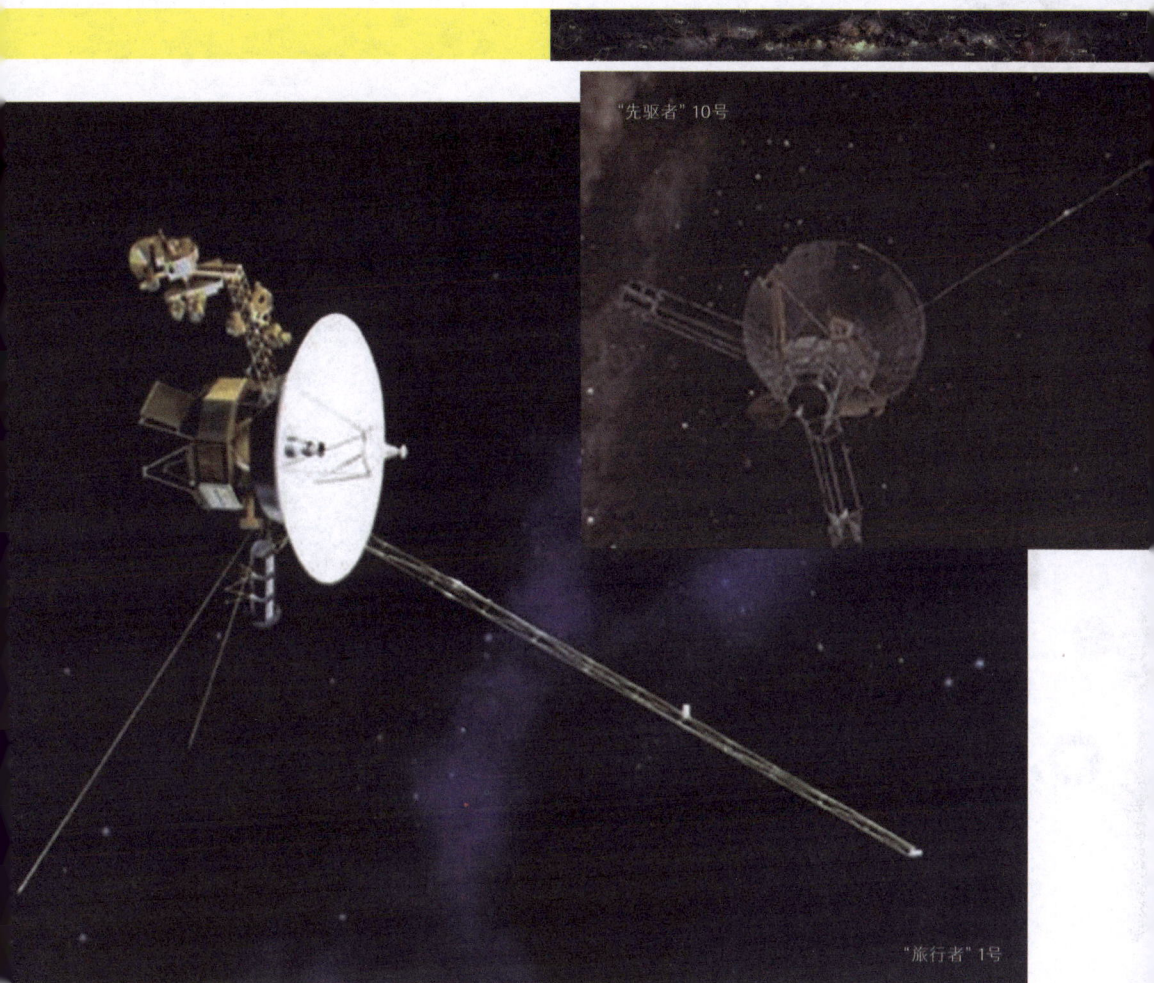

"先驱者"10号

"旅行者"1号

带外行星探测 ˃

美国的"先驱者10号"于1973年12月4日首次掠过木星，并传回了木星和木卫的照片。它最后在1983年越过海王星轨道后成为飞出太阳系的第一个人造天体。接着"先驱者11号"、"旅行者1号"、"旅行者2号"也相继飞越木星和木卫。

"先驱者"10号、11号各自携带了一块相同的镀金铝板，上面刻有人类男女的裸像，以及太阳与九大行星位置的示意图，还指明了它来自太阳系的第三颗行星。"旅行者"1号和2号探测器，则各自带有一套"地球之声"的光盘，唱片上有照片、60种语言的问候语、35种地球上的各类声音和音乐。包括了中国长城和中国人家宴的照片，粤语、厦门话和客家话的问候，和中国古曲"流水"。它们作为地

67

有极光的木星

木卫四（卡利斯多）

球的名片希望有朝一日能被"外星人"收到。

从"旅行者"号拍摄的木星黑夜半球的图像上可以看到木星上有极光。有趣的是，木卫一上有一座正在喷发的火山，喷发的高度达到30千米，喷发速度是每秒几百米到1千米。"旅行者"飞船还发现了土星有射电辐射，频率在3000赫到1.2兆赫之间。1986年1月，"旅行者2号"飞船又测出天王星的自转轴和磁轴有很大的交角。飞船还拍摄了天王星卫星的照片，随后它又拜访了海王星，并发回了照片。

"伽利略"号是1989年从"亚特兰蒂斯"号航天飞机上发射的，是美国航天局第一个直接专用探测木星的航天器。也是美国宇航局发射的最成功的探测器之一。它于1989年升空，1995年12月抵达环木星轨道。"伽利略"号的任务是观测木星系统，它观测了木星的大红斑，还向木星云层释放了一个探测器。这个探测器依靠降落伞进入木星大气，在它被巨大的木星大气压力摧毁前向地球传回了许多宝贵的资料。"伽利略"号对木卫二和木卫四的观测结果还显示这两个木星卫星的表面之下可能有液态水海洋。有液态水存在就意味着可能有生命生存，这无疑是一个令人振奋的消息。

木星大红斑

美国于1997年10月15日发射了"卡西尼"号飞船，它是第一艘使用核动力电池的飞船。"卡西尼"号的主要任务是探测土星系统，并将向土星最大、最神秘的卫星——土卫六释放出一个名为"惠更斯"的探测器。土卫六是一个被浓厚的大气包裹着的星球，其环境与早期的地球有些类似，使用一般观测手段无法看清它的表面。"卡西尼"号于2004年7月抵达土星系。此外美国宇航局还计划进行更多的行星探测计划，以便更多地了解我们生存的太阳系。其中包括向木卫二发射一个探测器，用以探测木卫二隐藏在冰层下的巨大液态水海洋。如果技术成熟，有可能向木卫二表面释放一个水下探测器，找寻可能存在的地外生命。

1981年8月26日旅行者2号所拍摄的土卫二

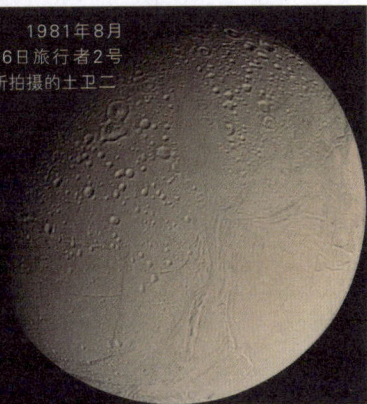

旅行者2号在1981年拍摄的土星照片

彗星和小行星 ›

宇宙飞船不仅仅用于对太阳系内的大行星及卫星进行近距离观察。1985—1986年哈雷彗星回归过程当中，有5艘飞船对它进行了近距离观测，有许多令人惊奇的发现。例如，哈雷彗星的核并非人们想象的球状，而是椭球状，气体和尘埃从核的表面几个活动区域喷出。

欧洲空间局的计划中，已经或即将开始对7个短周期彗星进行空间探测。它们是"深空1号"（DS1）计划、"星尘"计划、"等高线"计划、"罗塞塔"计划、"深空4号"（DS4）计划。其中DS1和DS4计划是与美国国家宇航局合作的。

于1998年10月发射的"深空1号"飞船飞越小行星3352号McAuliffe、火星以及威尔逊–哈林顿彗星。飞船与彗星于2000年6月相遇。DS1以约15千米/秒的速度距彗核约500千米处飞过，对彗发、彗核进行观测。它首次采用了离子发动机。飞船于2010年5月将样品送回地球。

"星尘"在1999年2月发射，飞向怀尔德–2彗星，并首次带回珍贵的彗星样品。

"罗塞塔"于2004年发射，研究67P/Churyumov–Gerasimenko彗星。"罗塞塔"号由两个主元件组成："罗塞塔"探测器及"菲莱"登陆器。探测器以罗塞塔石碑为命名，希望此任务能帮助解开行星形成前的太阳系的谜。登陆器以尼罗河中小岛的名字菲莱命名，正是在那里人们发现了一块方尖碑，以此协助解读罗塞塔石碑。经过4次地球或火星引力拉扯后，"罗塞塔"号将大幅提升速度，预计飞行71亿千米，于2014年进入"楚留莫夫–格拉西门克"彗星轨道。之后，"罗塞塔"号将向彗星表面发送"菲莱"号登陆器，在彗星冰盖探测。这将是人类有航天史以来的首次彗星"软着陆"。

这幅哈雷彗星的照片（上图）是1986年在地球上拍到的，当时哈雷彗星从距地球约4.8亿千米的远处掠过夜空。在距它605千米处的太空飞行器上拍的特写照片（左图），我们可以见到彗核向着太阳的一侧（较明亮处）喷射出一股蒸发气体。

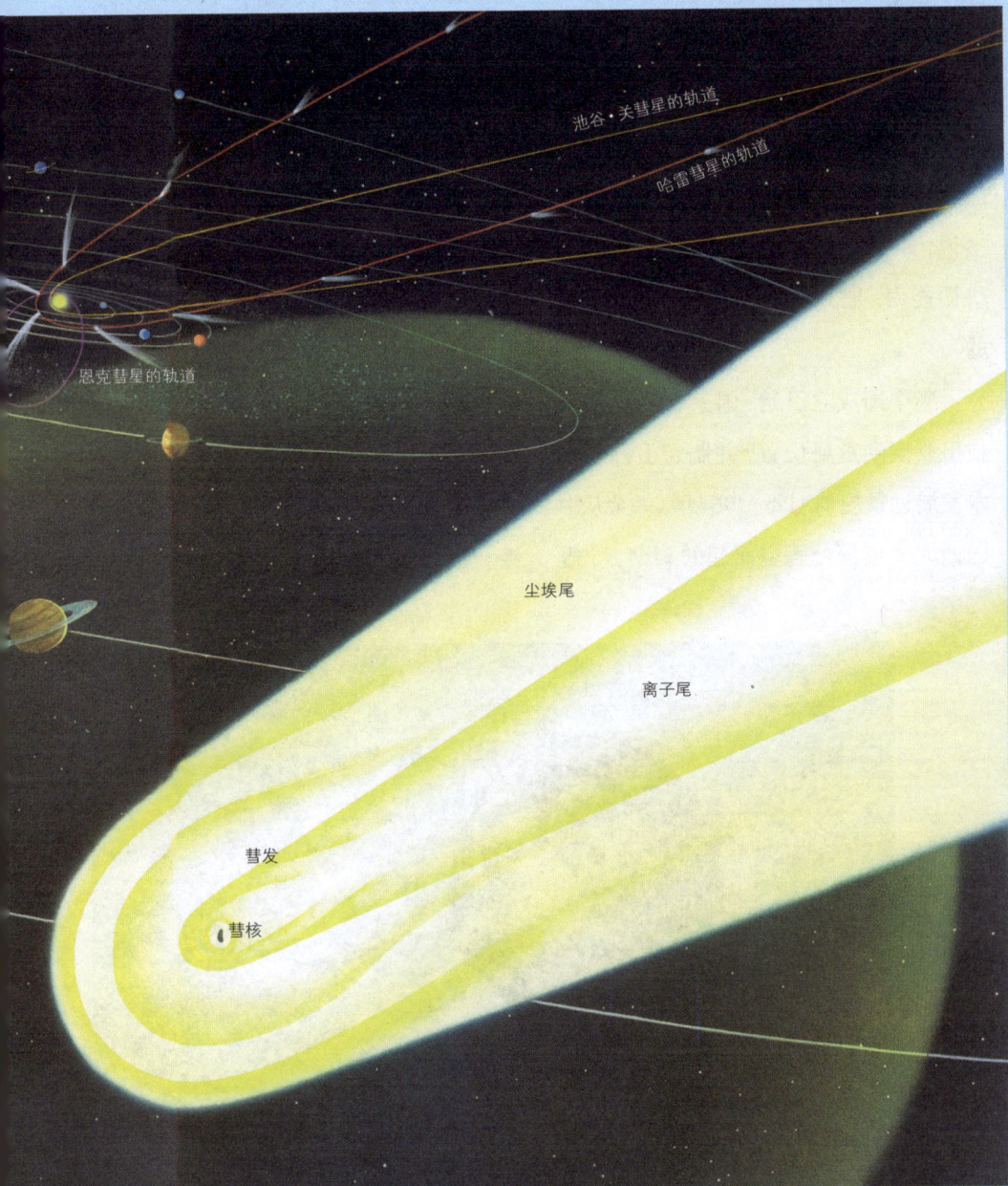

池谷·关彗星的轨道

哈雷彗星的轨道

恩克彗星的轨道

尘埃尾

离子尾

彗发

彗核

我国航天航空事业的发展

载人航天技术是一项多学科交叉的集大成技术。它涉及到火箭、飞船、测控通信等七大系统，是当今世界最复杂、最庞大、最具风险的工程。"中国载人航天工程突出贡献奖"获得者张建启先生说，如果没有高度发达的科学技术和科研能力，是不可能完成空间出舱活动的。

新中国成立伊始，国家就将发展科技事业摆到重要位置，并制定了科学技术发展远景规划纲要。1964年，一朵从中国西北大漠深处腾空而起的蘑菇云，震惊了世界：中国第一颗原子弹爆炸成功。3年后，中国第一颗氢弹空爆成功。1970年，中国第一颗人造地球卫星——东方红一号被成功送入太空。"两弹一星"，不仅增强了中国科技实力和国防实力，奠定了中国在国际舞台上的重要地位，也为中国航天航空事业的发展准备了技术、人才等条件。

1978年中国开始实行改革开放。也是从那时起，我国确立了"科学技术是第一生产力"的战略思想，开始积极组织实施一批科技攻关工程。因此，在短短几

我国第一颗人造地球卫星"东方红一号"

中国第一颗原子弹爆炸

《人民日报》报道

十年间，中国科技事业的面貌有了全新的改观，科技实力快速提升。中国人在充分享受科技成果给生活带来巨变的同时，也体会着科技进步带来的自豪感。这种自豪在载人航天工程中达到极致。

载人航天工程从上世纪90年初正式启动，经过多年的积累，工程研发之初就具备了雄厚技术储备。在开展首次载人航天飞行任务之前，中国依靠自己的力量，已研制并发射了50多颗、15种类型的人造地球卫星；此外，

长征系列运载火箭

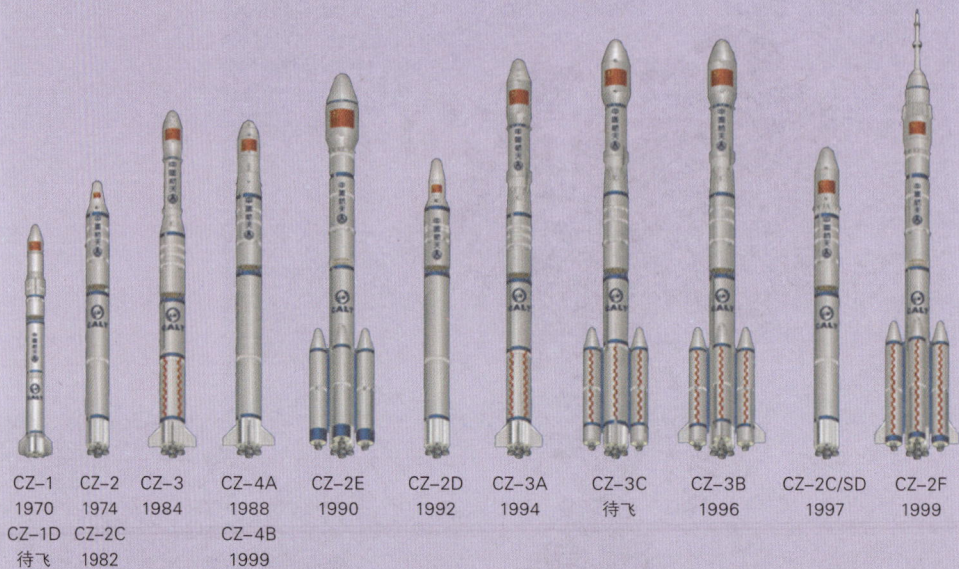

CZ-1	CZ-2	CZ-3	CZ-4A	CZ-2E	CZ-2D	CZ-3A	CZ-3C	CZ-3B	CZ-2C/SD	CZ-2F
1970	1974	1984	1988	1990	1992	1994	待飞	1996	1997	1999
CZ-1D	CZ-2C		CZ-4B							
待飞	1982		1999							

中国还自主研制了十多种不同型号的"长征"系列运载火箭,将70多颗国内外卫星送入太空。

正因如此,中国的载人航天工程以令人惊异的速度发展着:2003年10月首次进行载人航天飞行,航天员杨利伟成功地在太空中遨游了21个多小时。2005年,中国再次实施载人航天飞行,两名航天员在太空中经历5天飞行后凯旋。2008年9月,3名航天员搭乘"神舟七号"载人飞船在太空飞行近3天。飞行期间,航天员翟志刚进行了中国人的第一次太空行走。

2012年6月16日18时37分作为中国第一位执行载人航天飞行任务的女航天员——刘洋与战友景海鹏、刘旺一起乘坐第9艘神舟飞船,飞上距地球300多千米的茫茫太空,飞向等候已久的"天宫一号"目标飞行器,首次实现载人手动交会对接,在中国载人航天史上迈出了重要一步。刘洋作为中国首位女航天员代表我国亿万女性出征太空,成为中华民族的荣耀和全世界关注的热点。

与此同时,中国人的目光还投向了离地球更远的月球。"嫦娥一号"是中国自主研制并发射的首个月球探测器。中国月球探测工程"嫦娥一号"月球探测卫星由中国空间技术研究院研制，以中国古代神话人物"嫦娥"命名。"嫦娥一号"主要用于获取月球表面三维影像、分析月球表面有关物质元素的分布特点、探测月壤厚度、探测地月空间环境等。"嫦娥一号"于2007年10月24日，在西昌卫星发射中心由"长征三号甲"运载火箭发射升空。"嫦娥一号"发射成功，使中国成为世界上第五个发射月球探测器的国家。

75

● 太空人生活全景图

人类的太空梦越来越清晰了——吃在太空，睡在太空，行在太空……在太空的生活成为一个充满魅力、令人好奇的有趣话题。

太空环境与地球环境大不相同，那里没有空气，没有重力，充满危险的太空辐射。当然在封闭的空间站或航天飞机舱内，有足够的空气供你呼吸，良好的航天器屏蔽材料可以有效地挡住太空辐射，只是"失重"会给生活带来一些麻烦……

吃 >

吃饭对于宇航员可以说是高难度动作。准备工作是，在特制的能吸住餐具的桌前，先把自己的脚和身体固定在底板和座椅上，以免飘动。接下来，端碗、夹饭、张口、闭嘴一连串动作的速度和协调至关重要。端碗要轻柔，动作猛了，饭会从碗中飘出去；夹饭夹菜要果断，要稳要准，用叉子效果最好；夹住后，张嘴要快，闭嘴也要快，闭嘴太慢，吃到嘴的食物也会"飞"走；之后就是要细嚼慢咽了，一是便于消化，二来是可减少体内废气的产生。

"吃不言"的古语在太空是绝对规则，边说边吃会让嘴里的食物碎末飞出

去飘在舱中，稍不注意吸进鼻腔就容易呛到肺里发生危险。

宇航员的食品如今已发展到100多种，但宇航员吃饭并不能随心所欲，必须按地面营养师配制的食谱用餐。美国宇航员的食品袋上均标明第几日第几餐，内有7种食品，供一人食用。

在太空"做"一顿饭不超过半小时。因为全是脱水食品，临吃前用注射器加水调制，然后放入烤箱中加热即成。

尽管太空食品花样齐全、营养丰富，但宇航员却都抱怨食之无味。科学家分析，可能是太空环境导致宇航员味觉失调，也可能是看不见"色"、闻不见"香"，也就觉不出"味"了。

77

穿 〉

宇航服是一种特制的衣服，具有保温、防热、防寒、防辐射作用，通常由通风层、气密层、保暖层等15层质料做成，是一个小的密封系统。它可以保证宇航员在遇到特殊情况时，能安全生存一段时间。

出舱活动，宇航员必须从头到脚全副武装。由于宇航服很重，穿起来可不是那么容易，其顺序是：先戴上像浴帽的史努比头套，再穿上内衣，这内衣和袜子是连身的，其次是穿上裤鞋连在一起的下半身，然后穿上半身，并小心套好袖口处的那条拇指套环，以避免移动时卷上来。接下来，将上半身的调温接口和内衣的水管连起来，同时也要把其他线路如氧气管、无线电等都连接好。最后，再将安全帽紧紧戴上。

住 >

　　宇航员在太空真可谓是住在"世外桃源"。他们生活在智能化的密封舱内，舱内可以自动调节温度、湿度、气压以及空气成分，而且可以使空气不断地流动，还能将废气、废水等重新处理。

　　密封舱内设施齐全，有丰富的食品，足够的饮用水和生活用水，吃、喝、拉、睡样样生活需求都能满足。舱内还配备有文娱、体育设施。

　　舱内还有一小块无土栽培场所，可以种植花草蔬菜等，这既可以补充新鲜蔬菜供应，还可以美化环境，净化空气。

　　舱壁上装饰有天花板和地板，这样，宇航员就会感觉在这里与在地面上一样，有上下、左右、前后之分。在舱里，通过广播、电视、网络通信设备，宇航员可以收看地面上的电视，可以与地面中心及家人通话、发E-mail，甚至见面。

行 〉

人在太空中行走千姿百态，在地板、天花板、舱壁上走都一个样，"飞檐走壁"不费吹灰之力。没有重力，宇航员在太空宛若飘浮于水中的鱼，稍加一点支撑力，便可以游来游去，他不仅不会前进，反而会滚起来，前滚翻，后滚翻，翻一串筋斗。可要想在地板上向前走，必须有一个支撑点加上外力。穿上特制的太空鞋，鞋底可连在地板三角空格上，通过这样来固定人的身体，可以真正走路前行。然而，大多数宇航员都喜欢飞起来走路，既安全又潇洒。

太空中搬重物毫不费力，人人都拥有了"一指神功"，手指轻轻一动，就可将一个健硕的同事送出老远。

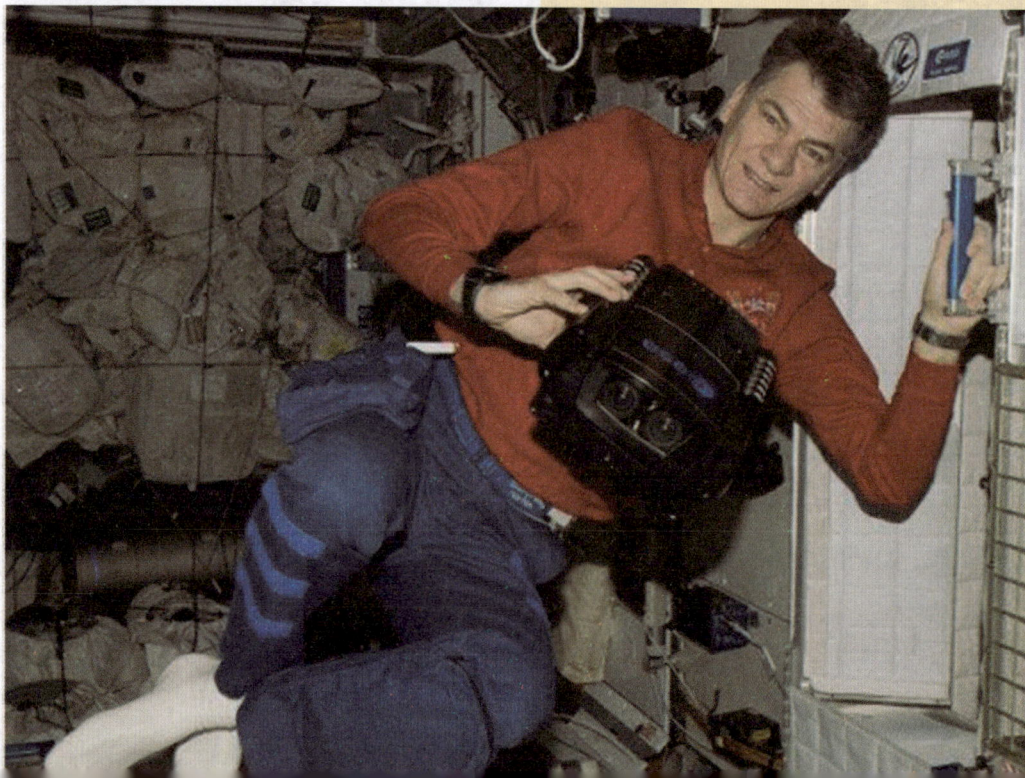

XIANGTAIKONGCHUFA

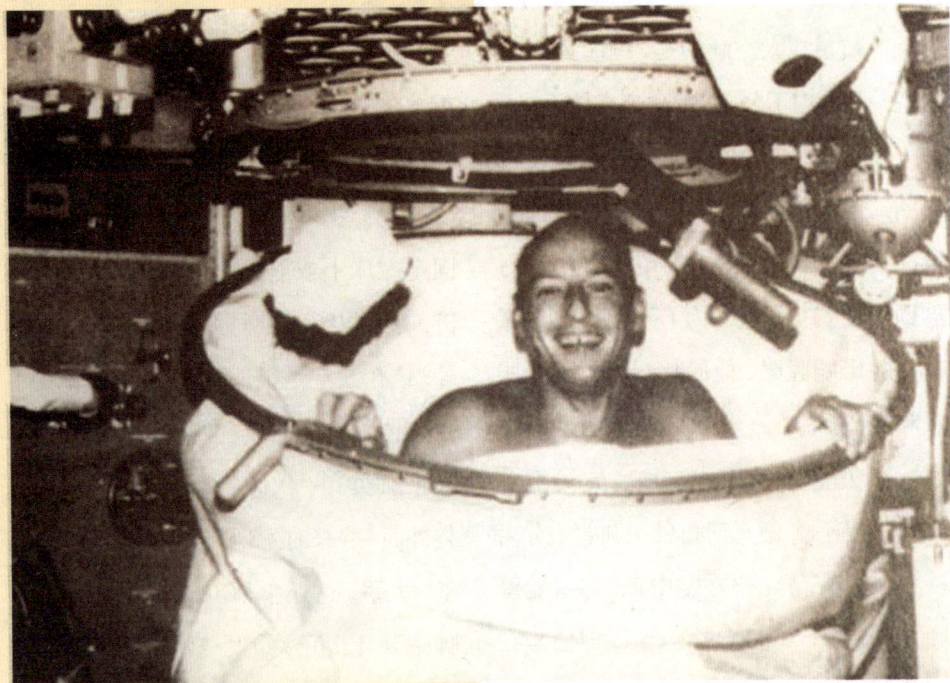

洗 〉

对于宇航员来说，在太空洗澡是件最麻烦的事。一般隔一个星期才能淋浴一次。因为在空间站水是很宝贵的，洗一次澡代价很大。

淋浴时，先跨进一个直径约1米的圆环中，然后拉起圆环，连着圆环的折叠布筒像手风琴的风箱一样伸开，把圆环固定在天花板上，人就完全被罩在里面。打开水龙头前，宇航员必须把双脚固定好，不然飘浮着的身体被水一冲就会翻筋斗，还要戴好呼吸罩和护目器，因为在失重状态下，水会呛伤人，甚至把人溺死。这些准备工作完毕后就可以打开喷头，水珠便流在布筒上和身上，然后四处飘飞。洗过澡的污水不会自动往下流，需要开动水泵把水连同空气一起抽走，洗澡的时间只需15分钟，可是清理污水的时间大约要1个小时。

睡 〉

宇航员在太空睡的是"糊涂觉",其表现一是黑白不分,二是睡姿奇异。

在太空,航天器90分钟左右绕地球一圈,24小时内会有多次日出日落。宇航员自然无法"日出而作,日落而息",只好借助钟点安排作息。为了不使快速的昼夜交替影响睡眠,他们睡觉时要戴上眼罩和隔音帽。

在失重的环境中,宇航员找不着"躺"的感觉,睡觉时仿佛头和躯干分离一样,睡姿奇异:飘在空中睡,靠着舱壁睡,挂在墙上睡,吊在梁上睡,即使坐在桌边睡,也不会有"钓鱼"的动作。飘浮式的睡觉常常使他们感到恐惧,身子底下空荡荡的,没有支撑,一旦醒来犹如掉入了万丈深渊。

为了获得安全感,宇航员一般睡在固定在床上或舱壁上的睡袋内,拉上拉链,并系住腰部。睡觉时把手脚放在被子外,这在太空是很危险的,因为睡眠中不受躯体控制的四肢会四处飘动。一位苏联宇航员有一次睡觉时,把手臂伸在睡袋外面,醒来时发现两只手向他飘来,吓了一大跳。这还事小,如果自由飘动的手脚碰到什么开关,太空舱的安全岂不不保。

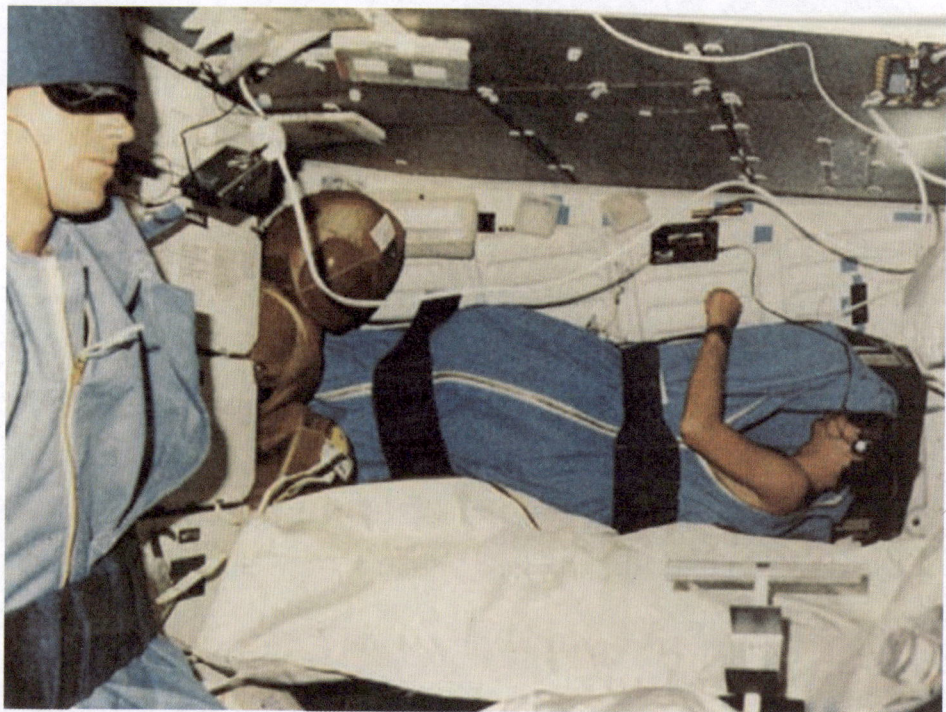

空间站"星辰"号服务舱的厕所

撒 >

我们将上厕所称做"方便"，可在太空上的"方便"却十分不方便。

男宇航员的厕所里安了漏斗，小便时必须对准，尿液通过一根管子被抽进容器中处理。大便时，要将屁股紧贴在坐便上，腰间要系好固定带，双手要抓住两边的把手。粪便由气流抽入一个袋中，水分和臭气被分解后，干燥的粪便要储存在容器里带回地球。

在太空"方便"，小心谨慎是必须的。如果像地球上那样随便，将大小便滴漏在便桶外，那是绝对不允许的。太空舱中漂浮着尿泡或大便，那情景实在是糟糕得难以想象。

在太空，放屁也是严肃的事情。臭味久久不散且不说，屁的微小推力足以把人推开很远，甚至推个跟头，即便是这一尴尬可被忽略，但屁中的氢和甲烷这些可燃气体积多了会发生爆炸的危险，这不能不让宇航员们对放屁这事保持高度的认真态度。

83

● 航天史上的悲剧

挑战者号 ›

历史将记住难忘的1986年1月28日，一场世界载人航天史上最大的悲剧在美国卡纳维拉尔角上空发生了。耗资12亿美元的美国"挑战者"号航天飞机毁于一旦，7名宇航员无一幸免。世界五大洲也加入了哀悼的行列。联合国安理会中止了正在举行的会议，为"挑战者"号失事志哀。

时间回到1986年1月28日早晨，美国佛罗里达州卡纳维拉尔角肯尼迪航天中心，阳光灿烂，万里无云。即将起飞执行第24次太空使命的美国"挑战者"号航天飞机，静静地矗立在发射架上，在阳光下

"挑战者"号发射升空

"挑战者"号爆炸

得意地闪光。这个人类智慧造化的宠儿，好像将士出征前在等待着最后的检阅。

时针指向上午11时38分。"挑战者"号点火起飞了，它拖着明亮、辉煌的火柱，以每小时大约3300千米的速度升高；沿着预定的飞行方向直冲云霄。看台上彩旗翻卷，人们发出阵阵欢呼声和鼓掌声。

11时39分12秒，也就是"挑战者"号发射后的1分12秒，从1.5万米以上的天空中突然传来一声闷雷似的爆炸声，一个由桔红色的火焰和乳白色烟雾组成的大火球，顷刻之间吞没了整个"挑战者"号，那两枚助推火箭像两匹脱缰的野马拖着白烟从大火球中蹿出来，漫无目的地向上飞升，最后又随着从大火球中迸裂出来的千万块大大小小拖着白烟的碎片一起散落到大海里。

广阔的肯尼迪航天中心发射场上死

85

一般的沉寂。成千上万名观众被这突如其来的场面惊呆了,他们茫然不知所措。几分钟以后,广播员以沉痛缓慢的语调播出了这一不幸的消息,告诉人们他们刚才目睹的景况是一次千真万确的空难。全场立刻沉浸在悲哀和痛苦之中,哭泣声和唏嘘声响成一片,悲恸的气氛淹没了整个发射场。

"挑战者"号发生爆炸和7名宇航员罹难的噩耗通过无线电波传遍了全美国。美国人无不为之震惊,他们几乎中断了一切活动,全都陷入了巨大的悲痛之中。首都华盛顿和全国各地下半旗志哀,所有的教堂都响起了为死者哀悼的钟声。前去悼念的人们络绎不绝。美国各地,包括遇难宇航员的家乡,都举行了不同形式的隆重的哀悼活动。

1月31日,得克萨斯州约翰逊航天中心的户外草坪上,为"挑战者"号遇难人员举行的追悼大会正在举行。1.5万人冒着严寒和大风静静地坐在草坪上,他们中包括死难者的家属、亲友和

打捞航天飞机残骸

86

美国宇航局的100名宇航员。里根总统和夫人南希专程从白宫赶来参加追悼大会。他们同遇难者家属一起坐在第一排。里根总统在追悼会上赞扬7位宇航员是"星球旅行者",他们的"梦想将永存",他们为之而努力奋斗的目标将会实现。他说,人类将继续征服太空,"实现新的目标和取得更大成就,这就是纪念7位英雄的办法"。

"挑战者"号7名遇难宇航员

哥伦比亚号 〉

美国东部时间2003年2月1日上午9点（北京时间2月1日晚10点整），美国航空和宇宙航行局的"哥伦比亚"号飞船在完成其太空航行计划之后，原定于9点16分着陆。但就在飞船经过得克萨斯州上空的几分钟时间里，飞船突然与地面控制中心失去联络。

在北得克萨斯州，据报道人们在上午9点左右听到一声巨响，同时所有的收音机和与飞船的数字通讯都中断了，与7名全体飞船工作人员也失去联络。美国航空和宇宙航行局在与飞船失去联络之后，立即宣布进入紧急状态，并派出救援队伍前往航天飞机失去联络的得州沃斯堡和达拉斯一带救援搜索。

"哥伦比亚"号最主要的残骸已经坠落在得州境内，飞机部件和机身散落在一个呈长方形的地域内。"哥伦比亚"号主要残骸最后都坠落在得州境内一块灌木与丛林交界的地方。经过特殊训练的

"哥伦比亚"号航天员

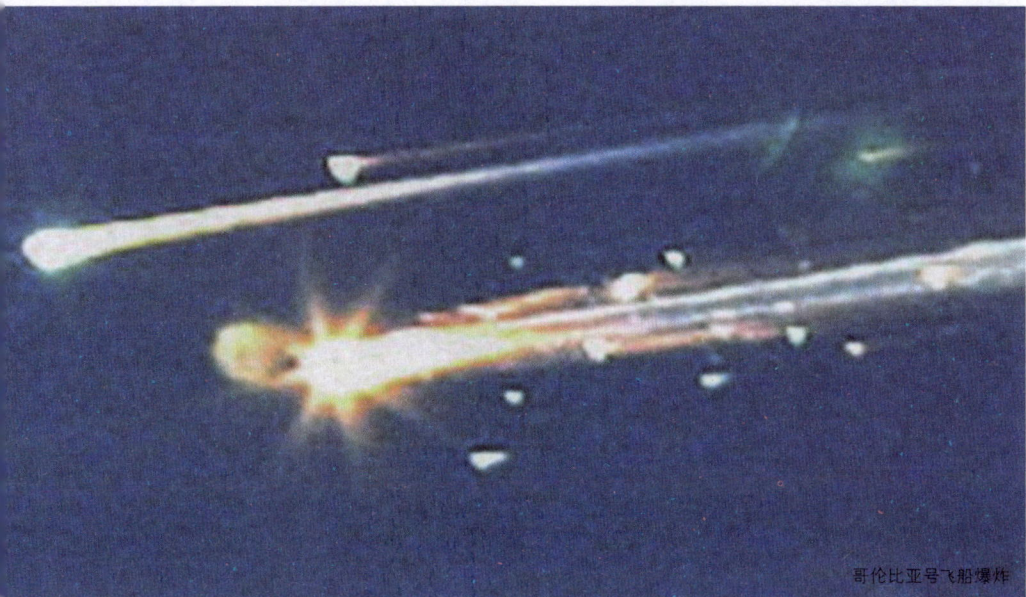

哥伦比亚号飞船爆炸

救援人员赶到现场之后对现场实施保护和清理工作。美国航空和宇宙航行局此前向各界发出严厉警告,说航天飞机的残骸具有剧毒,严禁任何人靠近。

由于"哥伦比亚"号航天飞机上没有装"黑匣子",所以鉴定事故原因需要一个很长的过程,救援人员对收集到的飞机残骸进行了仔细分析,尝试找出事故的真正原因。"哥伦比亚"号飞船在飞经得克萨斯上空20万7千英尺的高空时就已经开始燃烧并逐步解体,分裂成5块。飞船上的7名机组人员在此事件中全部遇难。这7名人员是飞船指挥官:瑞克·霍斯邦德、卡尔帕纳·曹拉。另外5名都是新手:威廉·麦克库尔、麦克尔·安德森、戴维·布朗、劳罗·克拉克以及以色列第一名宇航员拉蒙。

事发之后,远在马里兰州的美国总统布什在接到报告之后也立刻赶回白宫,进一步监控局势的进展。副总统切尼在得到消息之后,也加入飞船搜寻行列。

布什总统就整个航天飞机失事事件发表电视讲话,对在此次失事事件中遇难的7名宇航员表示深切的哀悼。美国全国也降半旗对他们表示哀悼。

哥伦比亚飞船的失事同时也震惊了以色列国内,沙龙政府办公室也就此事发表声明,为机组人员的安全进行祈祷。

89

以色列宇航员拉蒙是第一个进入太空的以色列人，以色列人民都将其引以为豪，但此次飞船失事事件的发生又给以色列国内原本就比较混乱的局势蒙上一层阴影。

　　美国宇航局任务控制中心地面工程师从传回的图片和现场录像分析可能是飞机左机翼出现问题。在"哥伦比亚"号飞船的发射当天，飞船外部燃料水槽的一片绝缘泡沫在发射时脱落，这块泡沫可能撞到了飞船的左翼。

"哥伦比亚"号残骸

里根总统悼念"挑战者"号演讲节选 (1986年)

今天的荒漠就是太空和人类知识没有达到的疆域。有时，我们会觉得想到达外星球还力不从心。但我们必须重新振作起来，忍受磨难，不断前进。我们的国家的确非常幸运，因为我们依然保持着巨大的勇气、令人信赖的声誉和刚毅不屈的品质，我们仍然有像"挑战者"号上7位宇航员那样的英雄。

迪克·司各比知道，每一次太空飞行器的发射都是一个技术上的奇迹。他说："如果出现什么，它决不意味着太空计划的结束。"我所接触的每一位英雄的家庭成员，都特别请求我们一定要继续这项计划，这是他们失去的可爱的亲人所梦求实现的计划。我们决不会让他们失望。

今天，我们向迪克·司各比和他的伙伴们保证，他们的梦想绝没有破灭，他们努力为之奋斗的理想一定会成为现实。为国家航空和宇宙航行局献身工作的人们，他们的大家庭中失去了7位成员，他们仍要继续工作去实现既安全可行又冒险大胆的，更有效的太空计划。人类将继续向太空进军，不断确立新的目标，不断取得新的成就。这正是我们纪念"挑战者"号上7位英雄的最好方式。

迪克、迈克、朱蒂丝、埃里森、罗纳德、格里高利和科里斯塔，你们的家庭及你们的国家哀悼你们的逝去。安息吧，我们永远忘不了你们。对熟悉和爱你们的人们来说，痛苦的打击是沉重的、持久的；对一个国家来说，她的7位儿女、7位好友的离去是难以弥补的损失。我们所能找到的惟一安慰是，我们在心里知道飞得那样高那样自豪的你们，现在在星际之外找到了上帝许诺以不朽生命的归宿。

● 太空科学研究

空间站是人类在太空进行各项科学研究活动的重要场所。1971年,苏联发射了第一座空间站"礼炮"1号,由"联盟"号飞船负责运送宇航员和物资。1986年8月,最后一座"礼炮"7号停止载人飞行。1973年5月14日,美国发射了空间站"天空实验室",由"阿波罗"号飞船运送宇航员和物资。1974年天空实验室封闭停用,并于1979年坠毁。

1986年2月20日,苏联发射了"和平"号空间站。它全长超过13米,重21吨,设计寿命10年,由工作舱、过渡舱、非密封舱三个部分组成,有6个对接口,可与各类飞船、航天飞机对接,并与之组成一个庞大的轨道联合体。自"和平"号上天以来,宇航员们在它上面进行了大量的科学研究,还创造了太空长时间飞行的新纪录。"和平"号超期服役多年后于2001年3月19日坠入太平洋。1983年,欧洲空间局发射了"空间实验室",它是一座随航

"和平"号空间站

天飞机一同飞行的空间站。

国际空间站是建造中的新一代空间站。它由美国和俄罗斯牵头,联合欧洲空间局11个成员国和日本、加拿大、巴西等16国共同建造运行。空间站从1994年开始分多个步骤建设安装,至2006年全部建成。建成后空间站长110米,宽88米,质量超过400吨,是有史以来规模最庞大、设施最先进的人造天体。可供6至7名宇航员同时在轨工作。

1981年全世界第一颗红外天文卫星发射升空。而对于天文学上有重要意义的事件是,1990年4月25日由美国"发现"号航天飞机送入太空的哈勃空间望远镜(HST)。它的目的是探测宇宙深空,了解宇宙起源和各种天体的性质和演化。HST耗资21亿美元,对天文学特别是天体物理学的推动是巨大的。在空间放置望远镜可以摆脱大气的干扰,没有大气消光的问题,同时因为没有大气,设计的望远镜可以达到衍射极限。它的镜面不受重力的影响,不会变形,望远镜有极高的分辨率。它是人类的千里眼,探索宇宙奥秘的利器。此后美国和欧空局又相继发射了"钱德拉"空间X射线望远镜和XMM空间天文台等。

美国的航天飞机是目前世界上惟一用于在地面和近地轨道之间运输人员物资并可重复利用的航天器。它也可以在太空中进行各种科学实验活动。

93

当航天科技应用于生活

当人们一次又一次地把目光投向航天科技的时候，很多人会产生这样的疑问：这要花多少钱？会给人们带来什么好处？为什么不把钱花到其他地方？

实际上，航天科技与我们的日常生活息息相关。美国宇航局向人们证实，太空探索所取得的成果中共有700多项应用于人们的日常生活。

航天科技在现代医学中的应用令人

利用航天科技中特殊涂料的防划痕眼镜

瞩目：激光血管造影术、新一代心脏起搏器、红外线温度计、热感应视频仪(不需要手术就可以确定人体内的病变情况)、血液分析仪等。现在，世界各大医院都设有重症监护病房，这是航天科技最重要的应用之一。重症监护病房中的各种设

烟雾探测器

为宇航员在月球行走提供了弹力，而且通风透气的鞋垫

94

备，上世纪60年代时是用来采集监测在太空遨游的宇航员的身体状况的。

航天科技中的技术革命与我们的生活息息相关。便携式电脑就是其中之一。美国当年实施登月计划时，需要一种体积小的便携式计算机系统来监控太空旅行，便携式电脑的雏形就此诞生。或许，即使人类不努力登上月球，包括信息技术在内的各种高科技也会得到发展，但发展速度要比现在慢很多。尽管美国和其他国家为发展航天科技投入了大量人力物力财力，但由此引发的电脑技术的高度发展足以回报投入的成本。

虽然航天科技中许多新技术最初的目标并不是为了在地球上应用，但它们最后都成为了造福人类的手段。例如研究人类暴露在强辐射条件下的后果，寻找避免辐射对宇航员的血液造成危害的方法，使人们找到了治疗白血病、贫血等血液疾病的手段。

航天科技带给全世界人们的知识是丰富的，影响是深远的，把航天科技转化为可实施的工业生产力，转化为可以商用民用的技术，应该是人类共同努力的目标。下列几个生活中常见的物品就是航天科技成功应用于日常生活的典型案例。

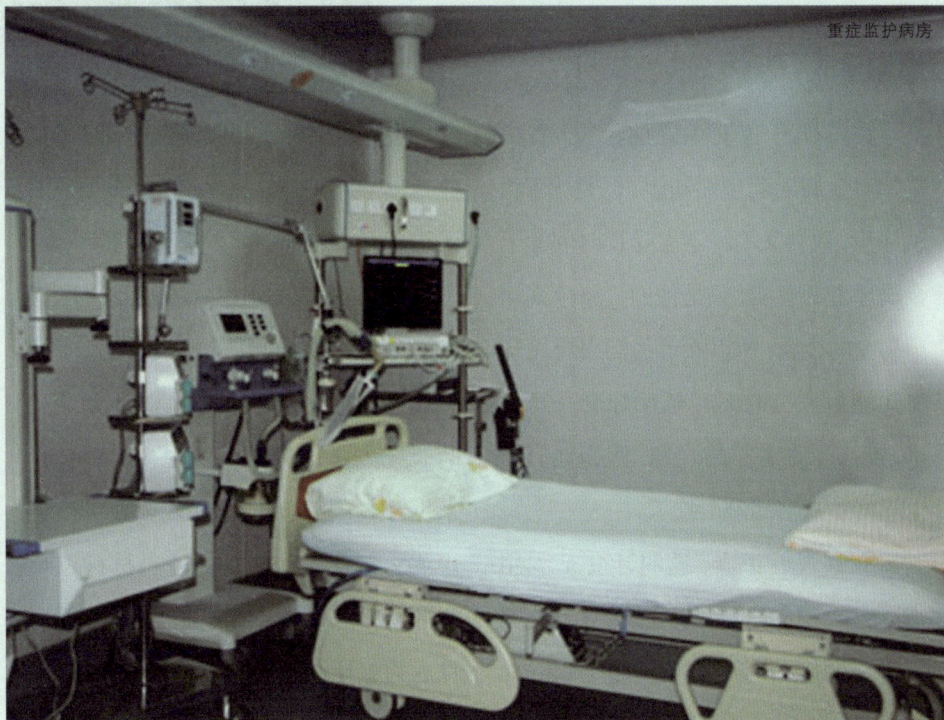

重症监护病房

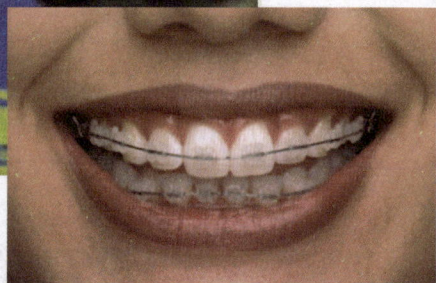

透明牙套: 告别 "铁齿铜牙" 〉

　　在透明牙套诞生之前，许多青少年都对金属牙套望而却步。但是为了纠正牙齿，他们又不得不忍受长时间套上金属牙套的事实，只是他们一张口就露出满嘴的金属，所以弄得他们很尴尬却又无能为力。1987年，透明牙套一经上市，就广受青少年的欢迎，因为他们终于不再被这个问题困扰了。

　　专家告诉记者，透明牙套是利用半透明的多晶氧化铝制成的，它是美国宇航局制陶研究中心与美国Ceradyne公司进行合作研制出来的，它最初的功能是用来保护热能追踪导弹上的红外线天线。

　　而另一家公司Unitek正在设计一种新的牙套，这家公司希望设计出一款更美观，而且不会有金属光泽的牙套。它们的研究人员通过研究发现，TPA使用起来足够坚硬并且是半透明的，使得它很快成为制作透明牙套的理想材料。自透明牙套投入市场以来一直广受欢迎，并且成为整牙行业最成功的产品之一。

记忆枕：市场有点儿乱 ＞

"太空海绵"也称为"记忆海绵"。它最早由美国太空总署在上世纪70年代开发，为宇航员进行太空旅行而设计的支撑和保护垫，目的是减轻宇航员在起飞和飞行过程中所承受的巨大的重力压力。这种革命性材料具有吸震、减压、慢回弹的特点，能够根据身体的曲线和温度自动调整形状，从而化解身体各压迫点的压力。随着技术的革新，记忆海绵已在全世界普遍使用。

记忆枕

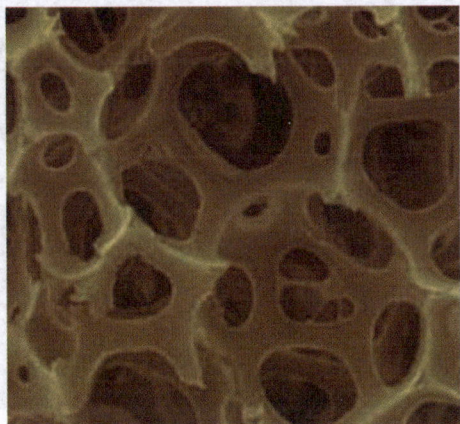

记忆海绵放大结构

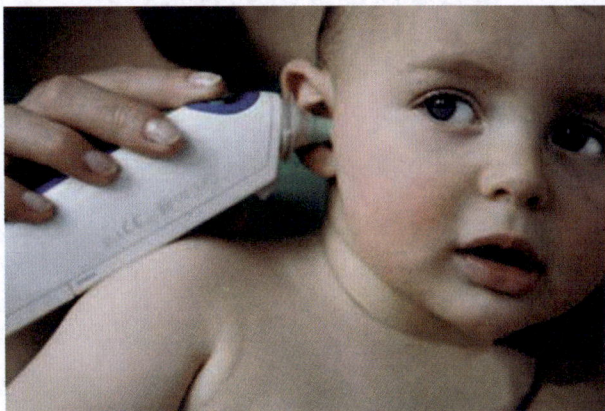

手持温度计：公共卫生安全必备 ＞

2003年，面对突如其来的SARS疫情，大批红外线测温仪进入中国。只要人群聚集的地方，都有工作人员用手持温度计对其进行体温测量。而手持温度计带给消费者最大的体验就是快速、精确和方便。

那么，手持温度计和航天科技又有什么关系呢？美国航空航天局通过感知恒星和行星发出的红外辐射，即能给这些远距离的物体测量温度。美国一家公司受此启发，要求美国宇航局帮助他们开发手持温度计用的传感器技术。这种手持温度计用不了2秒钟即可以检测一次体温。温度计上有一个探头，检查时，要插到耳内一点进行检测。即使患者睡着未醒也可。用后，将探头丢掉，再换上一个新的，以防止交叉感染。2秒钟查一次体温，既提高了效率，又节省了时间。

97

擦去蒙娜丽莎的岁月痕迹 >

意大利著名画家达·芬奇在16世纪初创作的《蒙娜丽莎》，是巴黎卢浮宫博物馆所有收藏中最令人着迷的珍品。2004年初，该馆声明，近500年来，《蒙娜丽莎》画布上越积越厚的清漆膜无法清除，其画面变黄变暗，正在失去光华，而传统的润色处理方法也无法阻止"蒙娜丽莎"迅速老化。

幸运的是，博物馆的专家们得到了美国宇航局的援助。也许读者会问，航天局有什么技术能够修复博物馆的珍品呢?我们先来了解一下与"蒙娜丽莎"似乎无关的话题。

在距离地面200—500千米的大气层中，广泛分布着单原子氧。这种单原子氧的化学性质特别活泼。在近地卫星轨道上(距离地面200—300千米)运行的早期航天器，在天上运行一段时间后，少不了要与大气层中的单原子氧"亲密接触"，那些高强度的工程塑料涂层外壳，就会像剥洋葱一样，被一层层地腐蚀掉，对航天器造成损害。所以，在近地轨道上运行几年后，航天器就会坠入大气层烧毁。由此看来，性质特别活泼的单原子氧，有推卸不掉的责任。

为了挽救博物馆的名画，美国航天专家想到了用性质非常活泼的单原子氧来清除油画上的清漆膜。同时，为了对珍贵的古油画负责，也让博物馆管理人员放心，技术人员决定先用一张涂有清漆膜的普通古油画做实验。当技术人员制

气，随着这些气体不断被真空泵抽出。古油画表面的清漆膜越来越薄，不久便旧貌换新颜，而且整幅油画毫发未损。

当然，要不要对《蒙娜丽莎》实施"单原子氧清污手术"，以及什么时候来实施，还有一些技术以外的问题需要考虑和论证，毕竟，达·芬奇的《蒙娜丽莎》价值连城。不过，从技术上说，让"蒙娜丽莎"焕发青春，让她的微笑更加灿烂是大有希望的。

取到足够的单原子氧后，便把它们引入放有油画的真空室。开始阶段，单原子氧撕开了清漆分子中的碳和氢之间的耦合，并生成二氧化碳、一氧化碳和水蒸

99

XIANGTAIKONGCHUFA

● 太空育种

太空育种,也称空间诱变育种,就是将农作物种子或试管种苗送到太空,利用太空特殊的、地面无法模拟的环境(高真空,宇宙高能离子辐射,宇宙磁场,高洁净)的诱变作用,使种子产生变异,再返回地面选育新种子、新材料,培育新品种的作物育种新技术。

2002年6月,美国威斯康星大学空间实验室开始开展空间诱变工作。把玫瑰带上天,目的是获得玫瑰油含量高的玫瑰突变体;同时还有大豆,主要是为了获得优良的大豆性状。俄罗斯曾把做圣诞树的青杆或白杆(松科冷杉亚科云杉属植物)带上天,现在西伯利亚和哈萨克斯坦地区大面积种植,从太空回来的圣诞树长

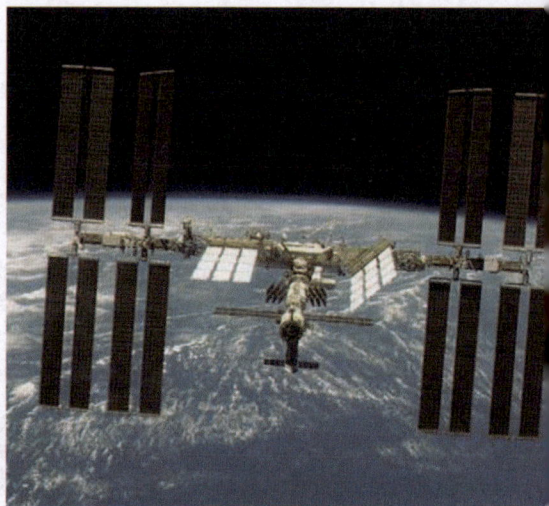

得非常高大。

事实上,自从人类掌握了空间技术开始,就有了"太空农场"的梦想。毕竟,要想在太空长时间停留,完全依靠从地球携带而来的补给是不现实的。且不说浪费在运输上的能源,一旦进行深空探测,毕竟以现在飞船的速度,要抵达火星还需要近一年的时间。如果运输途中稍有差池,宇航员就要饿肚子了。

从1957年第一颗人造卫星发射成功开始,科学家们尝试在卫星、空间站这些太空"旅行舱"中

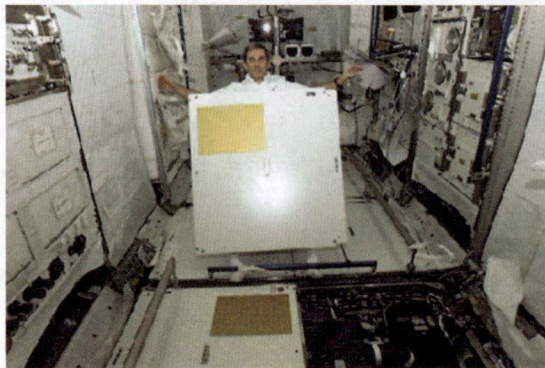

埃亚尔茨在"哥伦布"舱内培育植物

种植植物了。不过，并非将植物塞进太空舱就能变成太空植物，环境的改变让生长开花都变成了极具挑战的任务，毕竟在数亿年的进化过程中，植物已经适应了地球环境，让它们在太空扎根生长就像把人突然扔到大海里生活一样。所以，最初的实验仅仅是让植物幼苗搭乘航天器到太空兜兜风，检查太空环境对它们的影响。直到1982年，苏联科学家才在礼炮7号空间站上完成了拟

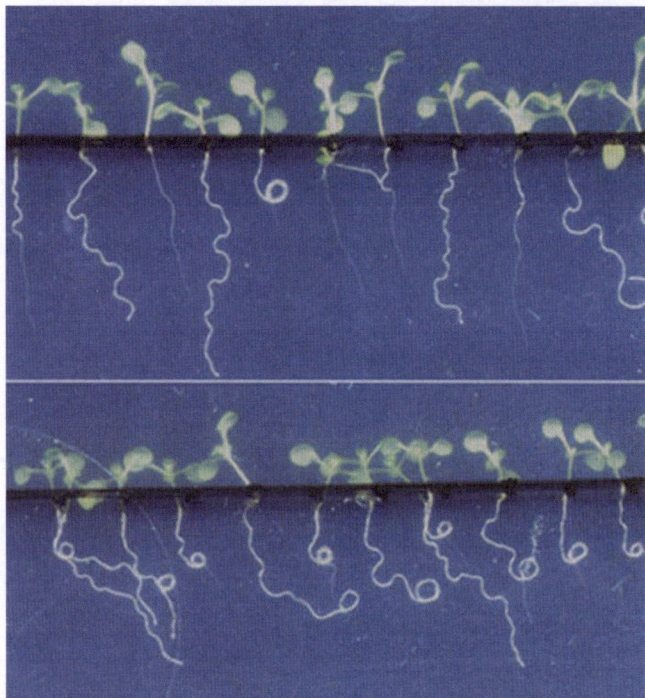

拟南芥秧苗倾斜45度生长在琼脂表面上。上图为野生拟南芥根系起伏生长，下图为基因改良拟南芥根系卷曲生长

南芥"从播种到收获种子"的种植过程。那次实验结果可算令人满意：这些个体产生的种子大多是正常的，可以再次生根发芽，开花结果。

不过，就像长期在太空居住的宇航员会碰到骨质疏松，肌肉萎缩等诸多麻烦一样，植物身上也会出现各种各样的生理问题。迄今为止，还没有哪种作物能像在地球上一样正常生长发育。越来越多的研究表明，在太空舱里种植物，远非将温室设备搬到太空中那么简单。

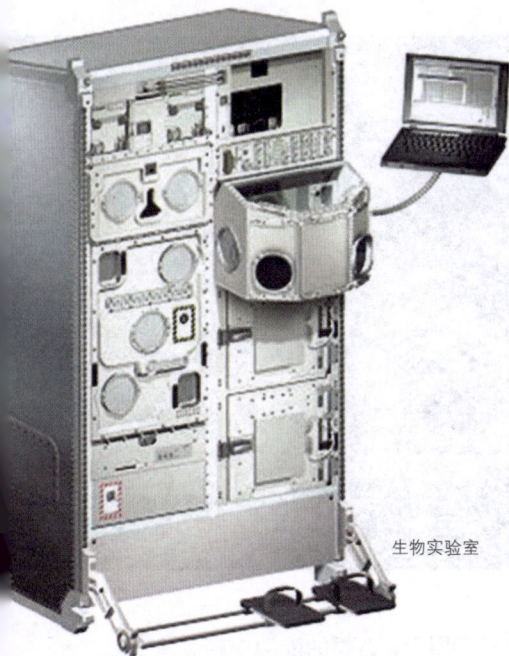

生物实验室

强光？弱光？ ＞

虽说植物生长靠太阳，但是在宇宙空间中晒太阳是一件危险的事情。且不说高能质子、阿尔法粒子这样的宇宙射线可以直接"砸坏"植物蛋白质和DNA，危及它们正常生活甚至生命，在没有大气层阻挡的情况下，这里大量的紫外线就足够植物喝一壶的。这些高能量的"光线"不止令人生畏，也会破坏植物的正常结构和代谢过程。

所以，在太空种植的第一步，就是制造出合适的透光防护罩，隔离那些有害的紫外线和宇宙射线，让植物可以安全地生长。

当然，太阳能光伏电池可以将危险的太阳光转化成电能，然后再利用日光灯等照明设备来满足植物对光的需求。不过，这样做就会在转化过程中损失很多能量。好在对人类而言，太阳是个取之不尽的能量来源，只要考虑需要增加太阳能电池板就可以了。

不过，未来远离太阳、进入深空探测时，宇航员们又会碰到弱光条件，如果仅靠电能照明种植粮食蔬菜，就需要耗费许多能源。2010年8月20日，澳大利亚悉尼大学生命科学学院研究人员发现了可以吸收红外光的植物，这些生活在西澳大利亚的藻青菌含有一种我们不熟悉的叶绿素——叶绿素f，这种色素可以吸收波长上限为720纳米的太阳光，这已经是红外线的范围了。比起普通的具有叶绿素b和叶绿素a的植物，含有这种叶绿素的植物能吸收波长更长的光线，也就更适应一些红外线成分比较多的光源（这样的恒星确实存在）。如果它们可以通过筛选，就能为深

透光防护罩

空探测提供必要的能源支持。

太空中的水珠呈圆形
附在拟南芥的叶子上

生命之水从哪里来? >

除了光，种植需要解决的还有光合作用的另一个要素——水。我们都知道水是光合作用必不可少的原料。不过，你可能不知道，植物吸收的99%的水分都蒸发到了空气中。这种看似"浪费"的行为，实际上对植物有着重要作用。植物的叶片就像是一台台水泵，将根系吸收的水分和矿物质混合而成的营养液"抽"到枝头，而这些水泵的动力就来自蒸发水分而获得的能量。另外，通过蒸发水分还能降低叶片的温度，避免被阳光灼伤。

当然，这工作的耗水量并不小。正常情况下，小麦每长出1克的物质（注意，包含不能吃的部分哦），就需要用掉513克的水，当然绝大部分都是用在了蒸腾作用上。可惜到目前为止，人类还没有发现

另一个像地球这样有较为充足水分的地方，也就是说我们要尽可能地将水分回收再利用，恐怕光是解决蒸腾水分的回收就是个代价不菲的工程。

当然，我们也可以只种泡在全密封的水箱里的藻类植物，这样就不用考虑收集蒸腾作用的水分了，但前提是，做太空旅行的你要长期忍受只嚼海苔过活的日子。也许那时，一片面包也会变成奢侈品。

没有二氧化碳，植物也会饿肚子 >

不止如此，千万不要以为有了光和水植物就能正常生长了，没有二氧化碳，一切都是零。如果说光和水是吸收太阳能的关键因素，那二氧化碳就是储存能量的关键部件了。倘若把前两者比做发电厂的必备要素，那么二氧化碳就像是能够储存能量的充电电池。

在光合作用过程中，植物会首先利用光和水制造出高能物质。这些高能量的家伙可不安分，如果不把它们用掉，它们就会在细胞里释放能量、乱搞破坏。而想要固定这些能量，二氧化碳的浓度是一个关

103

键因素。

二氧化碳在地球大气中的含量不高，仅有0.03%。因为整个生物圈的协调运作，这个浓度基本上保持稳定（当然，最近的温室气体含量飙升纯粹是人类自己惹的祸）。但是，对于一个小范围的空间，要维持一个稳定的浓度就不是那么容易了。在实验人工建立生态系统的"生物圈2号"工程中，科学家建立了一个总体积为18万立方米的小小生物圈。但是不久之后，这里的"大气"成分就发生了变化，氧气、氮气和二氧化碳的比例发生了巨变，并且波动过大：高峰时二氧化碳的平均浓度为2466ppm（百万分之一浓度，也就是100万份空气中所占的比例），到低谷时二氧化碳浓度则只有1060ppm。这样的波动不仅不适于人类生存，连植物生长都成问题。对于比生物圈2号个头还小的太空舱来说，如何控制调节好二氧化碳的浓度，还是一项棘手的工作。

长成螺旋形的苔藓

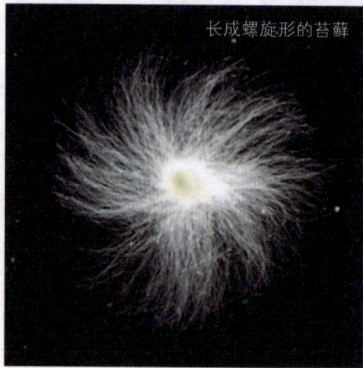

分不清的天和地 ＞

除了上面的植物生长要素，在空间更难解决的是重力问题。在地球上生活的我们，经常会忽略这个条件的存在。可是一旦进入了太空，这个因素的重要性就立马显现出来了。

"根会往土里扎，茎秆会努力向上生长"，这些我们觉得司空见惯的现象，其实都是植物感受到重力之后作出的反应。目前还没有证实，植物是怎样辨别方向的。比较公认的一种看法是，植物细胞里有一些淀粉组成的颗粒，它们会受重力的影响，沉积到细胞的下部，从而给细胞壁施加刺激，这样一来，植物就能辨别出天和地了。可以说，这些淀粉粒就是植物生长的"指南针"。不过，在失重状态下，这样的沉积就变得不可能了。

不仅如此，分解这些淀粉颗粒的酶会特别活跃，彻彻底底地把"指南针"砸烂了。其结果就是，植物生长分不清上下，根和叶都向着四面八方生长。就拿常用的实验植物拟南芥来说，它们在失重状态下最后长成一团，本该拼命伸向天空的茎停下了脚步，反而是多了很多枝枝权权。个头比地面上的拟南芥要小，而且植株显得更纤细，就像是漂浮在水中的水

草一样。

　　失重状态还会影响植物体内激素物质的分布，这不仅会影响植物的生长形态，还会影响植物的繁殖。20世纪90年代，科学家曾经在和平空间站上种植过小萝卜和大白菜。遗憾的是，它们的品质比起地面生长对照组都要逊色不少，不仅发芽率低，生长缓慢，并且植株更为矮小，开花结籽需要更长的时间。

不想要的突变 〉

　　太空育种是我们经常听到的一个名词。在转基因技术应用之前，这确实是一种重要的育种手段。不过，利用宇宙辐射作为条件突变产生种子并不可靠，因为这样产生的突变没有方向性。也就是说，我们不知道变出的种子是更好了还是更糟了。事实上，一般情况下产生的突变都是有害的，这就大大地增加了育种的工作量，远不及转基因技术来得直接和精细，毕竟后者可以将我们想要的优良基因（比如抗病虫害的BT基因）精确而直接地"放置"到植物的基因组中。

　　既然宇宙射线能让种子产生突变，我们还应该注意，这些我们在太空正常种植的植物会不会也发生有害突变，降低品质和产量。此外，在微重力环境下，染色体、复制分离都会受到影响，很容易出现畸形，影响种子的成活率，以及后代植株的质量。要保证种下去的甜西瓜种子，结出的还是甜西瓜已经不是一件简单的事情。

105

未来的太空会成为战场吗?

俄罗斯组建"天军"、美军组建"太空司令部"、激光武器试验、反卫星试验、全球打击平台X-37B试飞……随着科技的发展各国与太空有关的军事新闻层出不穷。当某个号称有"和平宪法"的国家也发射了军事侦察卫星时,爱好和平的人们不得不思考这样一个问题:太空会在未来某一天变成战场吗?

无论是进攻之矛的复杂还是防御之盾的昂贵,它们都会延缓太空军事化的时间表。但是,真正能防止太空爆发战争的内因还是太空自身的特点。太空高真空、微重力的环境特点决定了太空武器自身不便实施防御。激光、粒子束等都可在很短时间内完成瞄准并击中目标。电磁脉冲炸弹更可以在瞬间毁灭整个太空武器系统。

目前,主要工业国的经济已非常依赖卫星服务。如果哪个国家计划对别国卫星发动太空袭击,它首先要考虑自己是否做好了遭受同样袭击的准备。举例来说,美国卫星遭到袭击也会殃及欧盟、日本的经济运转,进

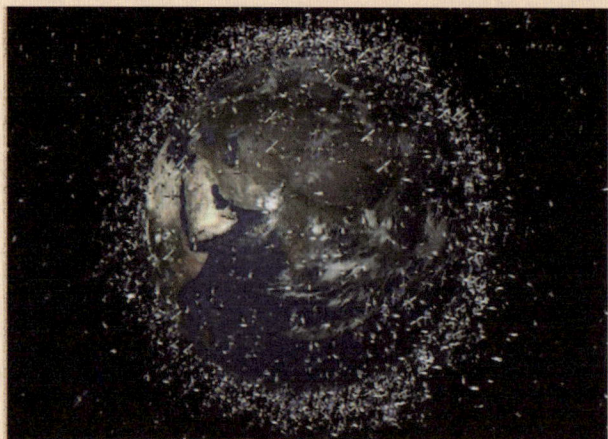

而引发全球经济动荡。对卫星的攻击行动会损害所有太空强国的利益。这样看来，除非参战国到了生死存亡的关头，否则单纯的太空战争很难打响。毕竟在太空中一损俱损、一荣俱荣，这种投鼠忌器的博弈模式有助于在太空形成类似于冷战中核武器造成的恐怖平衡。

任何试图发动太空战的国家都要冒着和敌方开展"无限制太空战"的风险。届时，在太空中开展运输、通讯、气象预报、导航、遥感等服务的航天器都可能因为其潜在军事价值而遭到袭击。这不同于传统的海战——被击毁的船只沉没于海底，在和平到来后不会影响航运。一旦"无限制太空战"爆发，轨道上将漂满航天器的碎片，这些碎片在几千年内都将绕地飞行，对日后的航天器造成威胁。这个可怕的前景，恐怕也是制止太空战的最大动因——一旦大规模太空战爆发，就意味着人类太空时代的终结。

107

太空武器 〉

太空武器，是指用于外太空作战的武器；特指专门打击敌方在外层空间运行的飞行器、卫星或弹道导弹的武器。随着高新技术的不断发展，沉寂亿万年的太空将逐渐硝烟弥漫。各科技发达国家为争夺制天权，大力研制的各型太空武器纷纷亮相。

"利剑"——激光武器：用激光做武器的设想是基于激光的高热效应。激光产生的高温可使任何金属熔化。同时激光以光速（每秒钟30万千米）直线射出，延时完全可以忽略，也没有弯曲的弹道，因此不需要提前量，简直是指哪儿打哪儿。另外，激光武器没有后坐力，可以迅速转移打击目标，还可以进行单发、多发或连续射击。激光武器的本质就是利用光束输送巨大的能量，与目标的材料相互作用，产生不同的杀伤破坏效应，如烧蚀效应、激波效应、辐射效应等。正是靠着这几项神奇的本领，激光武器成为理想的太空武器。

"长矛"——粒子束武器：它是利用粒子加速器原理制造出的一种新概念武器。带电粒子进入加速器后就会在强大的电场力的作用下，加速到所需要的速度。这时将粒子集束发射出去，就会产生巨大的杀伤力。粒子束武器发射出的高能粒子以接近光速的速度前进，用以拦截各种航天器，可在极短的时间内命中目标，且一般不需考虑射击提前量。粒子束武器将巨大的能量以狭窄的束流形式高度集中到一小块面积上，是一种杀伤点状目标的武器，其高能粒子和目标材料的分子发生猛烈碰撞，产生高温和热应力，使目标材料熔化、损坏。

"神鞭"——微波武器：由能源系

统、高功率微波系统和发射天线组成，主要是利用定向辐射的高功率微波波束杀伤破坏目标。微波波束武器全天候作战能力较强，有效作用距离较远，可同时杀伤几个目标。特别是微波波束武器完全有可能与雷达兼容形成一体化系统，先探测、跟踪目标，再提高功率杀伤目标，达到最佳作战效能。它犹如无形的"神鞭"，既能进行全面毁伤、横扫敌方电子设备，又能实施精确打击、直击敌方信息中枢。可以说，微波武器是现代电子战、电磁战、信息战不可或缺的基本武器。

"飞镖"——动能武器：动能武器的原理十分简单，说白了，它和飞镖伤人的道理完全一样。一切运动的物体都具有动能。根据动力学原理，一个物体只要有一定的质量和足够大的运动速度，就具有相当的动能，就能有惊人的杀伤破坏能力，这个物体就是一件动能武器。所谓动能武器，就是能发射出超高速运动的弹头，利用弹头的巨大动能，通过直接碰撞的方式摧毁目标的武器。这里最重要的一点是动能武器不是靠爆炸、辐射等其他物理和化学能量去杀伤目标，而是靠自身巨大的动能，在与目标短暂而剧烈的碰撞中杀伤目标。所以，它是一种完全不同于常规弹头或核弹头的全新概念的新式武器。

● 空天飞机与太空武器时代

何为"空天飞机"？ ＞

空天飞机是航空航天飞机的简称，它既可航空（在大气里飞行）又可航天（在太空中飞行），是航空技术与航天技术高度结合的飞行器，将把空间开发推向一个新的阶段。空天飞机是一种未来的飞机，这种飞机能像普通飞机一样水平起飞，以每小时1.6万—3万千米的速度在大气层内飞行，而且可以直接加速进入地球轨道，成为航天飞机；返回大气层后，又像飞机一样在机场着陆，成为自由地往返天地之间的运输工具，人们称它为空天飞机。

空天飞机能自由往返于天地之间，凡是航天飞机能干的事，它几乎都能胜任。它可以把大的卫星送入地球轨道，一次投放多颗卫星更是它的拿手活儿；它能对在轨道上运行的卫星进行维修或回收，当然也可以对敌国的卫星实施破坏，甚至收为己有；它能向空间站运送或接回宇航员和各种物资；更重要的是它还能执行各种诸如拦截、侦察和轰炸等军事任务，成为颇具威力的空天兵器。

空天飞机飞行速度很快，便于实现全球范围内的快速客运，地球上任何两个城市间的飞行时间都用不了2个小时。

尽管航天飞机比起一次使用的运载火箭前进了一大步，但仍有诸如故障频繁、费用昂贵等许多不足。而空天飞机与航天飞机不同，它的地面设施简单，维护使用方便，操作费用低，在普通的大型机场上就能水平起飞和降落，具有一般航线班机的飞行频率。这种飞机的外形与大型客机相似，以液氢为燃料，在大气层飞行时，充分利用大气中的氧气。加之它可以上百次地重复使用，真正实现了高效能和低费用的优点。据估算，用空天飞机发射近地卫星费用只有航天飞机的1/5，而发射地球同步卫星费用则可减少一半。这使空天飞机在即将到来的空间商务竞争中立于不败之地。

空天飞机何以成为"太空武器"？ >

空天飞机之所以将人类带入了太空武器时代，实际上不是因为技术本身，而是因为该技术颠覆了1967年通过并开始实行的国际太空法律框架。这给了美国空军梦寐以求的一项"特权"。然而，这一特权是有时限的，时限的长短取决于其他国家什么时候拥有空天飞机。

2010年4月23日人类首款空天飞机X-37B发射升空，X-37B之所以会引起极大的关注，恐怕还是由于它所具有的军事潜质。从长远的角度看，空天飞机将军民两用，

其军事前景不容低估，有可能发展成未来的多用途空天战机。由于空天飞机可以在大气层内外自由飞行，如果将它发展成一种全新的航空航天轰炸机、战斗机和运输机，其作战区域将是整个地球乃至近地空间。它能在1到2小时内突破任何地面防御体系，从空间对陆、海、空目标实施精确打击，实际上也就拥有了全球快速打击能力。与此同时，由于采用自主驾驶和导航模式，X—37B可以长期在太空部署。未来一旦将太空定位为战场，

它就可对敌方的卫星、宇宙飞船甚至太空站下手。只要装备简单的机械手，经过升级和加载后的X—37B就能将敌方先进卫星装在货舱"打包"带回美国。由于无需考虑气动布局，X—37B可装载或挂装多种武器。装备导弹后，X—37B可成为标准的太空战机，威慑别国的航天器和空间设施。

美国X—37B空天飞机项目也反映出美国政府在国家安全方面的深层次意图。由于核武器在美国国家安全中的作用将逐步降低，美国会更重视"非核威慑"，具有全球快速打击能力的空天飞机因此可能成为美国新的"杀手锏"。另外，包括太空在内的"全球公地"已成为美国的战略重点，空天飞机的应用若军事化，美国在太空领域的绝对优势将进一步巩固。

太空的军事用途主要有四种：太空支持，即通用性质的太空发射，这是一切太空活动的基础；战斗力强化，即通过太空设备使得常规部队的战斗力得到加强，如将全球定位系统应用于常规弹药使之成为精确制导武器；太空控制，即保卫己方太空资产的手段，包括被动太空防卫和主动太空防卫，前者可能是发射更多

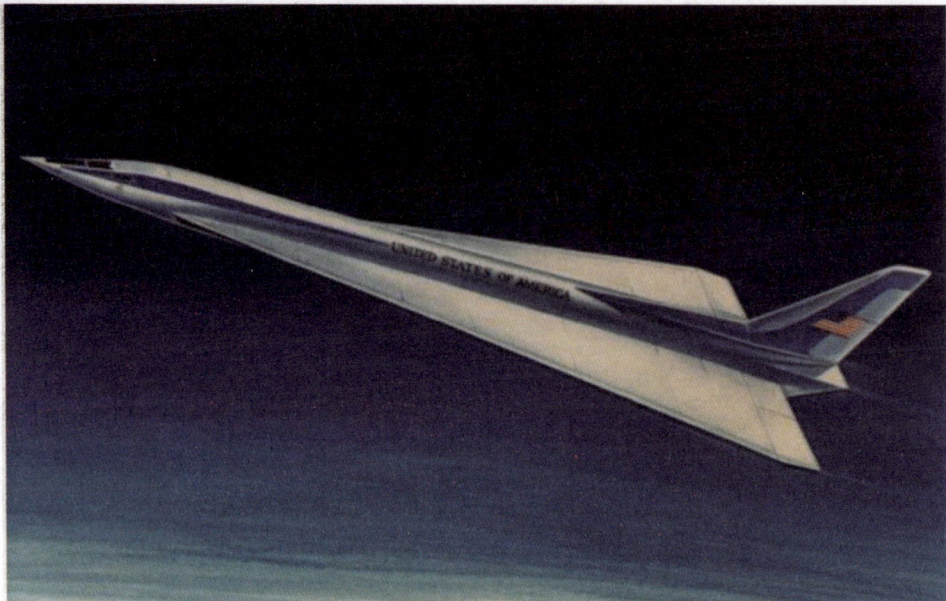

的卫星以获得技术"备份"，后者则可能是反卫星武器；太空军事的最后一个用途则是太空战斗力应用，即在太空中直接部署武器系统对地面目标或者其他空间目标发动打击。

空天飞机能够同时具备以上全部军事用途，它能像航天飞机或者火箭一样将军用设备发射进太空，也能安装某些军用部件为常规部队提供情报支持，还能安装上机械臂将敌方卫星从太空中"摘掉"，更能从太空发射导弹直接打击敌人。

就技术而言，讨论空天飞机算不算太空武器是毫无意义的，就像讨论一把菜刀在切白菜和砍人是否应用了同样的物理学原理一样毫无价值。空天飞机之所以将人类带入了太空武器时代实际上不是因为技术本身，而是因为技术颠覆了40多年来的国际太空法律框架。现在仍然有效地涉及太空军事和太空武器的国际法文件只有一个，即1967年的《外层空间条约》。曾经有效的《反导条约》已经在2001年由于美国的退出而夭折，美苏以及美俄的《削减和限制进攻性战略武器条约》对限制太空武器毫无作用。

而美国仍然在表面上遵守的《外层空间条约》只在第四条对太空军事和太空武器作了如下规定："各缔约国保证：

不在绕地球轨道放置任何携带核武器或任何其他类型大规模毁灭性武器的实体，不在天体配置这种武器，也不以任何其他方式在外层空间部署此种武器。各缔约国必须把月球和其他天体绝对用于和平目的。禁止在天体建立军事基地、设施和工事，禁止在天体试验任何类型的武器以及进行军事演习。不禁止使用军事人员进行科学研究或把军事人员用于任何其他的和平目的。不禁止使用为和平探索月球和其他天体所必需的任何器材设备。"需要注意：第一，该条约并没有禁止太空军事活动，甚至也没有禁止太空武器，只是禁止太空部署大规模毁灭性武器；第二，必须严格保持和平性质的太空设备仅指建立在天体上的设施，不包括轨道飞行器。这两点使得空天飞机可以成为合法的、搭载常规武器系统的太空武器。

同样需要注意的是，现有的国际法文件关于领空的不可侵犯性质最大高度只限于空气空间，对于空天飞机能够自由"停留"的外层空间没有法律效力。这就使得空天飞机可以成为一种在发射武器前一秒钟都对任何国家不构成侵犯的军用系统。

115

● 旅行到太空

据媒体报道，由英国维珍银河公司打造的全球首座商业性航天港（主要用于太空旅游）的第一阶段建设已完成90%。这个占地7.28平方千米、被称为"航天港美国站"的航天基地位于美国新墨西哥州南部城市拉斯克鲁塞斯，已建成一条长达3000米的跑道，一个颇具未来主义风格的太空飞机库，以及一个圆顶形状的航天控制中心。整个第一阶段工程已于2011年底完工，这对于"维珍银河"预定于2013年开展的首次航天旅游服务来说算是大大提前了工期。

维珍银河公司的发射系统——"白骑士二号与太空船二号"目前正在测试过程中，在确保安全的前提下，首次商业性飞行最早可能在2013年第一个季度进行。"航天港美国站"的第二阶段建设正在进行中，将建成垂直发射系统，以及位于附近城镇的两个游客中心和位于航天港中心位置的一个游客中心。

如果维珍银河公司的首趟太空旅游成功实施，无疑将成为太空旅游事业的一个里程碑。事实上，过去数十年来，太空旅游业开发一直在进行之中，最近的另一个重要进展是——俄罗斯轨道科技公司于2011年8月15日宣布，他们计划在

离地349千米的高度建立一家太空旅馆，该旅馆有4个舱室，可供7位游客居住，还有巨型窗户供游客欣赏在下面旋转的地球。

这家正规名称为"商业空间站"的太空旅馆计划于2016年开业，据称它将比宇航员（俄罗斯称航天员）使用的国际空间站舒服得多。但需要指出的是，仅仅是前往这家旅馆本身就是一桩冒险——太空游客得在"联盟号"火箭上待两天，而且这趟旅游花费巨大——在这家太空旅馆里待5天要花大约100万元人民币，另

外还需支付往返交通费500万元人民币。

在这家失重的太空旅馆中，游客可以选择垂直或水平的床，洗澡间是封闭式的，目的是防止水流到不该去的地方。游客将由有经验的机组成员陪伴，还能享用在地球上制作好后由火箭带到太空旅馆的美食（用微波炉加热）。与之相比，目前宇航员们在太空吃到的都是经过冷冻干燥的管装营养物，自然不如地球上的美食可口。太空旅馆还将提供冰茶、矿泉水和果汁，但严禁酒精类饮料。卫生间将运用流动的空气而不是水来清洁废物，废水将被回收利用，空气则将在过滤以去除臭味和细菌后回输舱内。

轨道科技公司称，"商业空间站"的服务对象不仅包括大富翁，也包括希望在太空从事科学研究的私人企业，甚至可能包括意想不到的访客——国际空间站的宇航员们。轨道科技公司有这么一项计划，就是万一国际空间站上发生危急情况，无需把宇航员们立即送回地面，而是把商业空间站作为他们的紧急中转站。

一旦商业空间站投入使用，无疑将成为太空旅游的又一个重大里程碑。

太空旅游的起步 ＞

太空旅游其实已算不上什么新鲜事。太空探索取得的早期成功，激发了公众对载人太空飞行和太空旅游的无穷想象，这在美国著名科幻作家亚瑟·C·克拉克的小说《月尘坠落》和《2001：太空冒险》中得到了最佳体现。

早在公元2世纪，古希腊作家卢奇安就在他的《真正的历史》一书中提及了这样一种理念：在一次风暴期间，一群男子乘飞船去了月球。法国科幻作家儒勒·凡尔纳的科幻小说《从地球到月球》和《环绕月球》中，作者也对月球旅游进行了充分想象。在1957年出版的短篇小说《来自地球的威胁》中，美国作家罗伯特·海恩莱恩提出了太空旅游产业的基本构架，他也是最早提及太空旅游业元素的人之一。

20世纪60、70年代，公众普遍相信太空旅馆将在2000年出现。20世纪中期，许多未来学家猜测，到21世纪，一般家庭都有机会到月球度假。20世纪60年代，美国泛美航空公司甚至推出了未来月球之旅的游客名单，还向申请月球之旅的人们发放了免费的"首飞月球俱乐部"会员卡。

美苏之间的太空竞赛随着"阿波罗"飞船登月而达到巅峰，但同时也宣告结束。美国政府因在这场竞赛中战胜了苏联而自鸣得意，对太空探索的关注力度逐渐降低，对载人太空飞行研究的资金投入也逐渐减少。与此同时，苏联空间计划却在增加航天员方面雄心勃勃，从多个盟国大量选拔航天员。

注意到苏联的动向，美国又开始重视载人航天，航天飞机的研发成为一个重要的竞争手段。在航天飞机项目中包括一个载荷

专家位置，通常由负责管理特殊载荷的机构或企业委派的代表填充。这些载荷专家不接受宇航员专业训练，也不受美国宇航局雇佣。

1983年，来自欧洲空间局的乌尔夫·梅伯德和来自麻省理工学院的工程师兼前空军战斗机飞行员拜伦·里奇腾博格，成为参加航天飞机飞行的首批载荷专家，也成为首批非美国宇航局宇航员。1984年，由雇主麦道公司出资，查理·沃克尔成为首名参加航天飞机飞行的非政府宇航员。美国宇航局当时也急于向国会赞助人证明自己的能力，于是参议员杰克·加恩于1985年乘航天飞机飞了

一趟，众议员比尔·尼尔森于1986年也坐了一回航天飞机。

随着航天飞机项目扩展，美国宇航局为赢得公众支持和教育机遇，又推出了"教师在太空"项目。女教师克里斯塔·麦考利夫本应成为第一位"太空中的老师"，不幸却在"哥伦比亚号"航天飞机的失事爆炸事件中遇难，"教师在太空"项目随之取消。1998年，作为"教师在太空"项目中麦考利夫的后备人选的芭芭拉·摩根受雇为专业宇航员，作为任务专家参加了航天飞机飞行，并在机上作为一名教育工作者向许多学生讲了话。

美国宇航局曾讨论过"记者在太

空"项目，但最终没有形成正式方案。后来美国宇航局同意一名记者登上航天飞机参加飞行，该计划原本定于2003年宣布，却因"哥伦比亚号"失事被取消。随后，美国载人航天计划的重点转移至完成国际空间站的建造，然后所有航天飞机退役。

随着俄罗斯经济改革的推进，空间产业缺乏资金的情况越发严重。日本东京放送广播公司向俄方提出，付费让该公司一名记者参加俄方太空飞行任务。以2800万美元的代价，东京放送公司记者秋山丰宽于1990年登上了俄罗斯的

"和平号"空间站，一周后返回地球。在太空飞行过程中，秋山丰宽每天在轨道中进行电视播送，同时为俄、日两国企业进行科学实验。不过，由于飞行费用是由雇主支付的，秋山丰宽不是严格意义上的太空旅游者，而是一名商业旅行者。

1991年，英国女化学家海伦·夏曼从13000名申请者中脱颖而出，成为第一位进入太空的英国人。这个项目名为"朱诺计划"，是苏联和多家英国企业的合作项目。最终，夏曼乘坐"联盟号"飞船前往"和平号"空间站，随后又乘"联盟号"返回地球。

20世纪90年代末期，当时负责管理"和平号"空间站的私人企业——和平公司开始寻求潜在的太空游客付费访问"和平号"，以此抵消"和平号"的部分维护费用。美国商人兼美国宇航局前喷气动力试验室科学家丹尼斯·蒂托，成为和平公司的首位太空游客候选人。在俄方做出让老迈的"和平号"脱离轨道的决策后，通过和平公司与美国太空冒险公司之间的交易，蒂托改为参加国际空间站之旅，美国宇航局高层称对太空游客没有兴趣，表示强烈反对，但没有成功。太空冒险公司是迄今为止成功让付费游客到太空去的惟一公司。

通过与俄方密切合作，太空冒险公司促成了世界首批私人太空探索者的太空之行。为造访国际空间站，前三名游客每人付费都超过2000万美元。2001年4月28日，蒂托成为造访国际空间站7天的第一位自掏腰包的游客。2002年，南非电脑巨富马克·夏托沃斯成为第二位太空游客。2005年，美国科学家兼企业家格里高利·奥尔森计划成为第三位太空游客。他当时打算利用自己在国际空间站上的时间进行一系列实验，部分目的是测试自己公司的产品。他还想更早些完成太空旅行，但最终因健康原因而不得不取消了实验计划。

在"哥伦比亚号"灾难发生后，由俄罗斯"联盟号"飞船执飞的太空旅游项目被暂时搁置，这是因为"联盟号"飞船成为当时前往国际空间站的惟一运载工具。到2006年，太空旅游恢复。这一年的9月，伊朗裔美国妇女安萨里乘坐"联盟号"飞船造访国际空间站，成为第四位太空游客。2007年4月，匈牙利裔美国商人西莫尼成为第五名太空游客，也是乘坐"联盟号"飞船访问国际空间站。2009年3—4月，西莫尼再次乘坐"联盟号"，成为多次游太空的人。2008年，美国人

加里奥特乘坐"联盟号",成为第六名太空游客。2009年9月,加拿大的拉里波特成为第七名太空游客,同样乘坐的是"联盟号"飞船。

2011年1月12日,美国太空冒险公司和俄罗斯联邦航天局宣布,轨道太空旅游将于2013年再度鸣锣,而"联盟号"载人飞船前往国际空间站的发射次数将从每年4次增加到5次。

由于费用极其昂贵,迄今为止轨道太空游还只是极少数人的专利。不过,目前已有多家公司提出了费用低得多的亚轨道太空旅游的建议。根据这些建议,亚轨道太空旅游的最大高度是100—160千米,游客将体验3—6分钟的失重,欣赏不闪烁的星空和下方的地球弧线。

到2010年3月30日,英国维珍银河公司已售出近410张亚轨道太空旅游票。美国一家私营航天企业——太空X公司正在研发自己的"猎鹰"火箭和"龙"太空舱,预计一次能把最多7人送至国际空间站或美国比奇洛航天公司计划建立的空间站。

此外,多个方案建议把空间站用做太空旅馆。美国汽车旅馆业大亨罗伯特·比奇洛花大钱买到了宇航局弃用项目——膨胀式太空舱的设计方案,他的比奇洛航天公司已发射了两个膨胀式居

住舱。该公司还宣布,将于2012年发射其首座商业性空间站——"鹦鹉螺号",这个空间站的可用体积为330立方米,而国际空间站的可用体积也不过是425立方米。

还有一些公司也表示了对建造太空旅馆的兴趣。美国一家公司打算把一座苏联时期的空间站改造成现代化的太空旅馆,它将拥有飞船上最大的窗户。维珍银河公司老板布兰森希望在自己有生之年建造一家太空旅馆。美国希尔顿国际集团宣布了"太空岛群"项目(简称"太空酒店"),即把用过的航天飞机燃料箱连接起来,其中每个燃料箱的直径都相当于一架波音747飞机的机身。美国太空岛集团宣布:到2020年,一个名为"太空岛"的巨型太空旅游社区将接纳20000人入住,以后每十年人口数量翻一番。甚至还有报道说,一位著名的时装设计大师已经设计出专门的太空服装,其中包括一种结婚礼服,目的是让人们在失重环境中也能看上去很漂亮。

一项网络调查显示,70%的受访者希望在太空停留的时间不超过两周,88%的人希望能进行太空漫步,但只有14%的人愿意为此多支付原价之外50%的费用,21%的人希望能入住太空旅馆或空间站。

12

太空生活展望 ⟩

　　一些宇航员曾经抱怨太空中的失重（科学家更愿意使用"零重力"或"微重力"两个词）让他们工作起来难度加大：螺丝刀和螺丝钉之类四处飘浮，人不得不靠坚硬的物体支撑自己——这还只是零重力环境中常见的麻烦之一。不过，太空游客在太空是为了度假而非工作，零重力对他们来说就变成了乐趣。就连最平常的活动，如像吃饭、喝水、洗澡、在房里飘来飘去或沿着走廊飘移、脱外衣上床休息等等，在零重力条件下都变成了娱乐。儿童会更喜欢这样的玩耍！一旦体育设施得以建立，全新的太空活动就将成为现实。

　　太空旅游究竟是什么滋味？太空生活会给游客带来哪些挑战和乐趣？太空旅馆与地球旅馆有什么区别？……下面，就让我们对太空生活进行一番现实与科幻相结合的展望。

　　许多人以为，要想顺利挺过前往太空轨道的旅途或者在太空居住，你必须是超人。但这并不是事实。真相是，只要你仰卧，那么哪怕多个重力加速度的加速都不会伤害你，甚至不会让你感到呼吸困难，你可能会觉得好像有个小孩躺在你胸口，但只要你躺在绵软的东西上面，就不会感到不舒服。如果你坚持要坐着或站着，你头部的血液就会往脚部流动，如果你不采取反制措施，那么到了5个重力加速度时你恐怕就要昏厥，这是因为头部的血压下降会导致对大脑的氧供应减少。躺下就能解决这个问题，惟一的小小不适就是当你想举起手臂时感到它们很重。

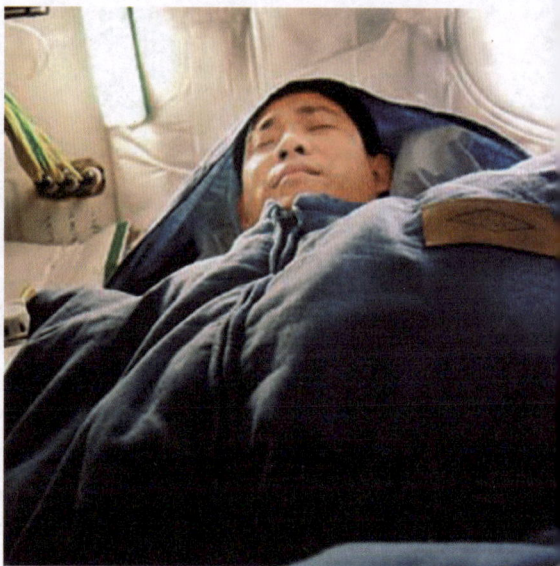

　　宇航员之所以要经过非常严格的挑选和训练，主要原因是他们的飞行代价很昂贵，一旦出现问题，比如因有人突发阑尾炎而不得不取消任务，就会造成极大的浪费。美国早期的宇航员都是测试飞行员，而且他们试飞过的都是危险性

较高的飞机。而如今，只要你比较健康就可以去太空待一段时间，只要坐飞机或过山车没问题的人去太空都不会有问题，前提是有比较经济的运载工具。不过，要想确保太空旅游的安全，还是得注意两个主要问题——"太空病"和长期住在太空对身体的影响。

首先来看"太空病"。尽管短期（十几天）待在太空中是很安全的，但许多到过太空、坐过航天飞机和"联盟号"飞船的人都在旅途中感觉不舒服，甚至呕吐，其道理与一些人晕车晕船是一样的。晕车晕船，是因为你的眼睛告诉给大脑的

你的身体位置与你的内耳告诉给大脑的身体位置之间有冲突。比如，当你坐在船舱里，你的眼睛告诉你你没有移动，但你的内耳告诉你你在移动。这就是待在甲板上有助于避免晕船的原因——你的眼睛看见你在移动，与内耳的冲突就消失了。还有个好消息，晕车晕船药对于"太空病"来说完全有效。航天飞机上的人们之所以会感觉不舒服，主要原因是他们被要求不服用抗病药物，因为这样才能对"太空病"进行研究。

另一种"太空病"实际上并不是什么病——在零重力之下，你体内的液体不

再被引力拖向你的脚腿部，而是易于累积在你上半身，这样就会造成"鸟腿"——你的腿部肌肉看起来比在地球上小一号，还会造成"胖脸"或称"圆脸"。从宇航员在太空的照片上，不难看出这一点。

体液不再流向下肢所造成的一个比较严重的问题是，你会感到轻微的鼻塞，令你不舒服。这时，不妨用一些能减轻鼻充血的药物。另外，如果在太空患上鼻伤风，感觉可能会比在地球上患上这种病更难受，这时也需要用药来缓解症状。不幸的是，宇航员如果患了感冒是不能去太空的，因此科学家对于太空感冒至今仍所知不多。

再来看长期住在太空对身体的影响。在地球上，你的肌肉和骨骼持续受到引力影响，引力对它们施加力量，让肌肉绷紧和骨骼受压。而在零重力之下，这些力量大部分消失了，肌肉变得很舒张。一个后果就是居住在轨道中的人不会很疲倦，每天只需睡3—4小时的情况据说很常见。这种情况持续一周左右不是问题，但如果持续数月的话，肌肉就会因为缺乏使用而开始收缩（当你大量锻炼时，你的肌肉体积会增大；当你很少锻炼时，肌肉就会萎缩）。收缩的肌肉中包括心肌，因为在零重力之下心肌供血比在地球上

容易得多。因此，在轨道中一连待上数月的宇航员每天都要进行体能锻炼，以保持肌肉力量，这样才能让他们在返回地球时不会虚脱。

长期在失重环境中居住的另一个效应是骨质流失。虽然骨骼看起来相当坚硬，但它们是活的。就像许多生物系统一样，骨骼也在建设自己和分解自己之间处于平衡状态，从血液中持续吸收钙，也持续把钙释放进血液中。当骨骼受到的压力在太空中下降后，细胞感觉不再需要那么多钙，骨骼从血液中吸收的钙量就减少了。一星期左右这不算问题，但若持续几个月，骨骼强度就会大大降低。因此，大量时间待在太空中的人必须穿上有橡皮圈从腰带连接到足踝的特殊裤子，它会对腿骨和关节施压，让它们吸收更多的钙，从而阻止骨质流失过多。

另外一个需要注意的问题就是太空辐射，包括高能粒子（比如质子和其他原子核）、高频电磁波、X射线和伽马射线在内的核辐射，会通过离子化细胞内部的分子而损伤生物细胞。这种损伤大多数时候可以自动修复，但如果人体大量吸收辐射，超过细胞的修复能力，受损细胞就可能死亡或癌变（即失控性生长）。

在太空中，所有这些类型的辐射都不

同程度地存在——来自太阳的质子和电子被俘获在地球的辐射带中，还有来自更远地方的高能粒子——宇宙辐射。地球大气层在很大程度上为我们阻挡了这些辐射，但这种阻挡并非彻底，例如高地居民所受"背景辐射"剂量高于低地居民。

粗略地说，你在太空待得越久，所处的轨道位置越高，吸收的辐射也就越多，遭遇辐射损伤的概率自然也更高。大多数情况下，在轨道中停留几天是没有什么辐射风险的，所吸收的辐射量与你在地球上一年中吸收的平均辐射量差不多（地球上的辐射来自于X射线、背景辐射及环境污染）。迄今为止，去过太空的好几百人（其中一些在太空中一待就是几个月）中没有几个人显示出了辐射病的任何症状。

儒勒·凡尔纳

凡尔纳小说《从地球到月球》

儒勒·凡尔纳（1828—1905），法国著名科幻作家。他一生写过80部小说，发表过好几部科普读物。他所写的故事极富魅力，可以说在某种意义上，他又是一位预言家，他在作品中提前半个世纪、甚至一个世纪就预想到某些极令人惊异的科学发现。

《从地球到月球》是凡尔纳太空历险小说的代表作之一，它和《环绕月球》一起构成了一部完整的太空历险记。小说描写了美国南北战争结束后，巴尔的摩城大炮俱乐部主席巴比康提议向月球发射一颗炮弹，建立地球与月球之间的联系。在全国人民的热烈响应中，大炮俱乐部的成员着手准备这项伟大的事业。法国冒险家米歇尔·阿当获悉这一消息后建议造一颗空心炮弹，他邀请巴比康、尼科尔一同乘这颗炮弹到月球去探险。三个人克服了种种困难，终于乘坐这颗炮弹向月球出发了。但是他们没有到达目的地，炮弹并没有在月球上着陆，却成为月球的卫星，无止境地绕月运行。故事留下悬念，三位探险家的命运无人能知……

值得注意的是，《从地球到月球》中涉及的天文、地理、人文等知识并非是作者无中生有的虚构，书中所有的数字及描述都是作者丰富想象和理性知识的结合，都有着坚实的科学基础和依据。

127

图书在版编目(CIP)数据

向太空出发/于川,张玲,刘小玲编著.—北京:
现代出版社,2012.12
ISBN 978 - 7 - 5143 - 0905 - 8

Ⅰ.①向… Ⅱ.①于…②张…③刘… Ⅲ.①空间探
索 - 青年读物②空间探索 - 少年读物 Ⅳ.①V11 - 49

中国版本图书馆 CIP 数据核字(2012)第 274884 号

向太空出发

作　　者	于　川　张　玲　刘小玲
责任编辑	袁　涛
出版发行	现代出版社
地　　址	北京市安定门外安华里 504 号
邮政编码	100011
电　　话	(010)64267325
传　　真	(010)64245264
电子邮箱	xiandai@ cnpitc. com. cn
网　　址	www. 1980xd. com
印　　刷	汇昌印刷(天津)有限公司
开　　本	710×1000　1/16
印　　张	8
版　　次	2013 年 1 月第 1 版　2020 年 1 月第 3 次印刷
书　　号	ISBN 978 - 7 - 5143 - 0905 - 8
定　　价	29.80 元